一看就懂！
有趣的地層學

條紋狀的紋路是怎麼形成的？
從岩石與化石可以了解到什麼事情？
解讀地球活動的地層知識書！

目代邦康、笹岡美穗

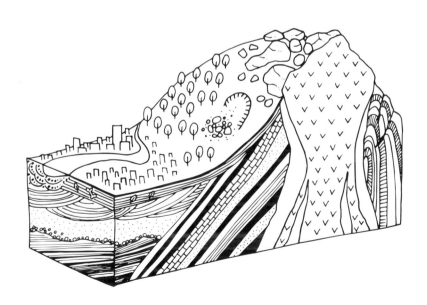

前 言

　　我們所居住的地球上有各式各樣的地形與地質，還有各種生物棲息其中。如此多樣的自然環境是在地球46億年的歷史中漸漸演化而成。

　　只不過，我們是怎麼知道地球的年齡是46億年呢？還有，地球上多采多姿的環境又是怎麼形成的？能解開這些謎題的關鍵，就是本書的主題——「地層」。

　　我們透過古文獻、繪畫及建築物上頭的紀錄解讀人類的歷史。而在人類留下紀錄之前的歷史，就要透過地層或地形逐步解讀。就是因為有地層的存在，我們才能知曉地球至今為止的活動。地層，是告訴我們遠古時代曾經發生什麼事情的時空膠囊。

　　有46億年歷史的地球現在也不斷地在活動，常常引起地震或火山爆

發。發生在地球上的大規模自然環境變動會造成自然災害，但從另一方面來看，正是因為有這種自然環境的變動，才造就了人類生存的環境。為了要與地球的變動和平共處，我們必須了解板塊如何移動、山是怎麼崩塌、河川是如何流動。也可以說，如果我們不從地層解讀地球上各式各樣的活動，也很難去思考今後的生活方式吧。

　　本書將為各位解說我們從地層中可以了解到的地球各種特徵。希望能與各位一同思考，藉由這些資訊，我們該如何與地球相處。

2018年5月　　目代邦康、笹岡美穗

目次

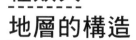

Chapter 4
化石與地質
的時代

Chapter 5
各式各樣的
地層

※本書為出版於2010年之『地層のきほん』的全面修訂版

Chapter 1

地層的
觀察方法、
思考方法

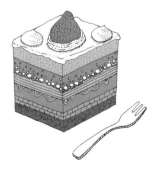

地層是什麼呢？

　　地層是指什麼呢？地層的「地」，就像我們拿來用在地球、大地、地面、土地等詞彙中一樣，是指作為我們生活根基的場所，又或者是代表地球這顆行星的詞。地層的「層」，則代表了東西層層堆疊的樣子。一層又一層堆積的「地層」形成了大地。

　　地質專家多以地層一詞，表示之後會說明到的叫做沉積岩的岩石，或者是在水或風的作用下堆積的泥沙。但在此書中，除了上述的定義外，也用來泛指構成從地球表面至某種深度的物質。

　　地層的英文是stratum（單數形）、strata（複數形）。strata一詞本來就是指有層狀構造的事物，除了地層之外，也會用來表示大氣層、社會階層等。雖然這個語詞對應日文中的「層」比較狹隘，但在英語圈中一說到「層」這個字，最先想到的似乎就是地層。

　　我們所居住的地球表面是由什麼東西構成的呢？地面的表面附近有土，其下方是混有石塊的土，再下方則有堅硬的岩石。土的專有名詞為「土壤」，土壤中混有細碎的岩石、動植物的遺骸、從空中飄落的火山灰、被風從遠處吹來的塵埃等各式各樣的東西。

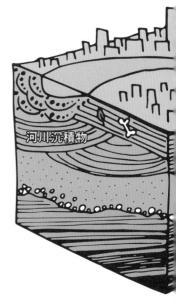

河川沉積物

土壤的下方是底岩。靠近地表的土壤中含有許多從遠處移動過來的物質，但在其下方的底岩是原本就在原地，並與周遭的岩石融為一體。雖然說底岩原本就在原地，但其實有些在更久以前是在更深的地方，伴隨火山爆發才流過來的。

　　由於在稱作平原的低矮土地中，底岩位於地下，所以我們無法直接用肉眼看見它。但是只要前往山地就可以一覽無遺。

▶ **各式各樣的地層與現象**

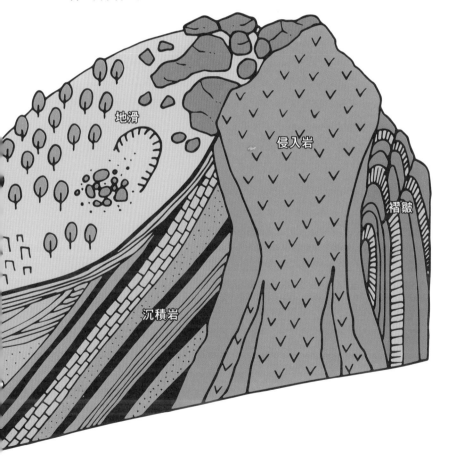

地層的堆疊
所顯示的資訊

　　許多人一說到地層，或許會想到好幾層呈水平方向堆積而成的懸崖吧？一般來說，大家都認為地層是呈條紋狀的。但為什麼地層會呈現出這樣子的形狀呢？

　　地層中的各個部分都有其名稱。一層又一層的地層稱為單層。單層就是有同樣的作用，或是連續形成而來。如果單層重疊堆積，就代表這裡反覆經歷了一層地層（單層）形成、沒有地層形成或是被磨損的時期。而我們可以透過地層形成或是被磨損的現象來了解該地的環境變化。

　　有地層形成，就代表有沙土或化石等沉積於此。如果沒有，可能是因為沙土或化石沒有被搬運過來此地沉積，或者是原本有沉積，卻被磨損掉了。無論是基於哪種原因，由於沒有在地層中留下紀錄，我們也無從得知當時發生的事。

　　我們可以像這樣從地層的堆積方式解讀該地在過去曾發生的事情。在連續堆積的地層中，如果顆粒大小從沙子變成泥土，發生了很大的變化，就代表上方與下方地層的種類不同。我們稱這兩種地層的關係為整合，代表沙土堆積的地方的環境沒有太大的變化。

　　另一方面，如果已經堆積好的地層上方遭到磨損後，又有沙土沉積於此，那裡就會產生界線。這種單層間的關係稱為不整合。在不整合的地層中，由於下方的地層遭到磨損，地層間的界線會呈現波浪狀或是傾斜。此外，上方地層傾斜的方向，與下方地層傾斜的方向不一定會一致。可以說地層的條紋狀，就是像這樣整合與不整合的集合。

▶ 地層的堆積與不整合的形成方式

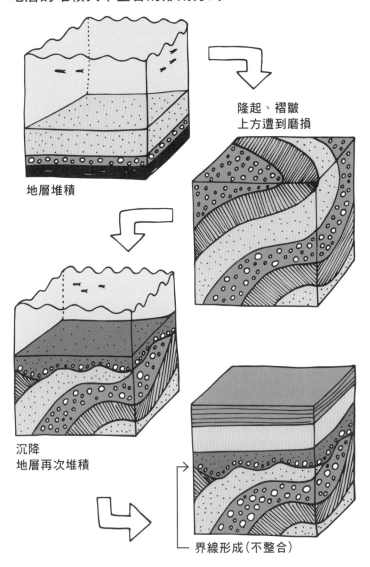

隆起、褶皺
上方遭到磨損

地層堆積

沉降
地層再次堆積

界線形成（不整合）

現在是認識過去的鑰匙

　　自人類開始從地層解讀過去的自然環境以來，其實僅有數百年的歷史。為了讓人們接受地層中的紀錄與現在地球上發生的各式各樣現象有關，也經歷了不少的爭論。

　　在中世紀以前的歐洲，基督教的世界觀強烈支配著人們的思考，那時有一種創世思想，認為以大地為首的一切皆由神所創造。在這些思想中，有一個諾亞大洪水神話。那是導致地球上全部的生物幾乎滅絕的大事件。人們以這則聖經中的神話為基礎，解釋從地面下挖掘出的化石。他們認為，化石就是諾亞大洪水的證據。

　　在這樣的狀況下，來自丹麥的斯坦諾開始仔細觀察地層，並思考地層是如何形成的，於是發現了新地層會堆積在舊地層上的「疊積定律」。雖然現在認為這個定律是理所當然的，但在當時，卻是看出地層的堆疊表示時間流逝的劃時代發現。

　　之後，人們也從這種定律聯想到透過流水形成地層，導致地球內部作用造成土地隆起等現象。蘇格蘭籍的萊爾認為，直到現在，過去曾在地球發生過的土地隆起或侵蝕等作用仍持續發生中，並且以「現在是認識過去的鑰匙」這句話形容這個情況。基於這種想法，人們開始從地層中的紀錄去推測過去的環境。

▶ 從聖經到近代科學

地層與岩石、礦物

　　與地層有相似意思的詞彙有「地質」與「岩石」，這些詞彙是用來表達什麼意思呢？

　　地質一詞指的是構成地球表面的岩石、地層的種類或是性質，表示的範圍非常廣泛。那麼，從微觀的角度去看地質的話會是什麼樣子呢？地球上的各種物質都是由元素組成的。元素是由塑造宇宙的大霹靂，以及恆星內部的核融合反應形成的。這些元素以多種方式組合，形成地球與生物的根本，也就是我們常聽見的分子，而分子會聚集成礦物。礦物是自然產出、無機質且為結晶狀態的物質，以特定的化學式表示之。一種礦物或多種礦物聚集在一起，就會形成岩石。像這樣大多數的岩石都算是動物、植物以外的天然物質，但也有像煤炭一樣由有機物固化而成的種類。岩石有各式各樣的種類，可以分成之後會說明到的火成岩、沉積岩、變成岩。岩石接連分布就形成了地層。

　　地質學就是關注地球的固體部分，並調查它的分布狀況及相關學問。地質學的英文是geology。geo是希臘語中的地球，logy則源自於logos，是知識的意思。有關地球的學問就是地質學。利用從懸崖看得到的地層去探尋地球的歷史，就是地質學的一部分。

▶ 從微觀到宏觀

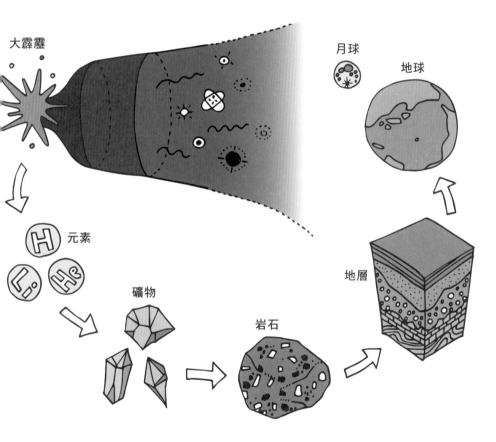

大霹靂

元素

礦物

岩石

地層

月球

地球

底岩與石塊、沙、泥

　　我們現在所看到的山脈，有很大一部分是由從地表隆起的底岩所構成，而土壤覆蓋在表面上，植物在此生根，動物也於此棲息。山地的底岩會因為雨水、氣溫的變化、植物根部的生長或是細菌的作用等而變得越來越脆弱。我們稱這種讓底岩越來越脆弱的作用為風化作用。

　　變得脆弱的底岩遇上大雨或地震就容易崩塌。崩塌下來的岩石雖然有稜有角，但在河川搬運的過程中，岩石在河中互相碰撞、碎裂、磨平稜角後變得又圓又小。在專業上，我們稱岩石崩塌後形成的小石塊為礫石。礫石原本是小石子的意思，但較大的石塊也叫做礫石。而本書中所提到的「石塊」，皆是指專業術語中的「礫石」。

　　越往下游走，石塊的顆粒也越變越小，漸漸磨成了沙，也就是更細小的石塊。細小的沙子流到下游，在海岸形成了沙灘。

　　比沙子更細小的顆粒叫做淤泥或黏土，兩者統稱為泥。泥會以浮在水面上的狀態下被運送至下游。當河川氾濫時，泥就會堆積在河川周邊，到達海裡時就緩緩地沉積在海底。

　　這些石塊、沙與泥在地質學中，會依顆粒的大小進行分類。顆粒大小比2mm還大的叫礫石（石塊），比2mm小的則叫沙。顆粒比沙子小、在1/16mm以下的則叫做淤泥，1/256mm以下的就叫黏土。用來劃分的數字

土壤

底岩

16和256，各為2的4次方、2的8次方。淤泥和黏土統稱為泥，在地質學中，泥是依照粒子的大小來分類的，與土的意思不同。

　　礫石聚集在一起形成的岩石，就叫做礫岩。顧名思義，由沙聚集而成的岩石，就叫做砂岩。而淤泥和黏土聚集成的岩石，便是泥岩。

▶ 岩石的大小變化

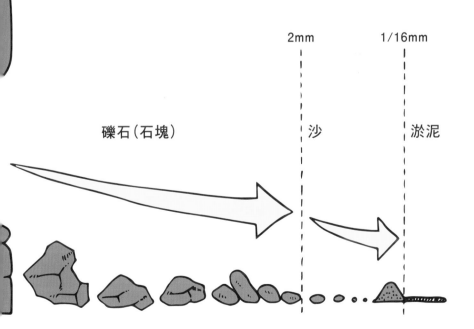

石塊的形狀與形成方式

　　從石塊的形狀可以看出地表過去曾經歷什麼樣的環境。當山崩現象發生，石塊會從底岩剝離流進河川中。那時的石塊是沿著原本的裂縫裂開，因而呈現稜稜角角的形狀。這種形狀的石塊叫做角狀礫石。這些石塊在流入河川的過程中會互相碰撞，慢慢磨平了稜角，變得越來越小。堅硬的礫石不太容易磨圓，但較柔軟的泥岩很快就會被磨成更細碎的泥。比角狀礫石來得圓一點的石塊是次角狀礫石，再更圓一點的是次圓狀礫石，稜角被磨平、圓潤的石塊則叫做圓狀礫石。

　　就像這樣，石塊的形狀不僅依本身的硬度而有差異，同時也能表示這個石塊移動了多少距離。從河川到達海岸後，石塊在岸邊會被晃動好幾次。因此，海岸的石塊跟河灘的石塊相比，會呈現較扁平的形狀。

　　在較多扁平石塊的河灘地區，石塊會往同樣的方向排列。這種現象是怎麼形成的呢？原因出在於當河川水量上漲時，石塊會在河底以旋轉方式流動，當水流漸緩時，石塊卡在前方的石塊上，以最不容易受水流影響的方式排列。這種石塊往同一方向排列的現象叫做覆瓦作用，因為類似瓦片的排列方式，所以又叫做覆瓦狀構造。只要有覆瓦作用，就算不看河水流動的方向也能判斷上游在哪一邊。在地質調查中，當發現地層中有覆瓦作用的話，就能推測出河流在以前是往哪個方向流動。

▶ 石塊形狀的變化

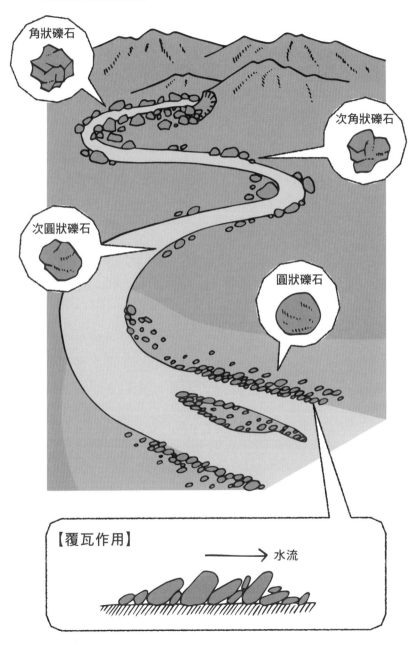

角狀礫石

次角狀礫石

次圓狀礫石

圓狀礫石

【覆瓦作用】

→ 水流

沙子形成的紋路

○多種多樣的沙子

　　海岸或河灘的沙子，反映了該河川聚集範圍內的山地、丘陵地質。此外，海岸地區的沙子內則含有貝殼的碎片，南方的沙子裡還會含有珊瑚等成分。由此可知，沙子的種類會依地點而有所不同。想知道沙子是由什麼樣的顆粒形成的話，就用放大鏡或顯微鏡觀察看看吧。關於放大鏡的使用方法，可以參考第22頁的專欄。

　　有花崗岩分布的地區，海岸會呈現白色。這是因為該地區的沙子是由構成花崗岩的石英顆粒所形成。在沖繩縣裡也有許多白沙海灘，這些沙子都是珊瑚或貝類的碎片。

○沙子形成的紋路

　　沙子會反映出各個地方的流向，形成各式各樣的紋路。一起來觀察看看，河川或海底的沙子紋路有什麼不一樣吧。

　　沙子有時會形成凹凸不平的紋路，這種紋路就叫做波痕（ripple），是指漣漪或波紋的意思。在單向流動條件下移動的沙子所形成的紋路，會從上游方向往下游方向呈現不對稱的形態。因此，只要在地層中找到這種堆積構造，就可以知道曾流過該地層的水流在當時的流向。我們稱此種紋路為水流波痕（current ripple）。

　　當我們到海灘時，也可以看到跟水流波痕很像的崎嶇紋路。但仔細一看，會發現它跟水流波痕的形狀不太一樣。由於此地的海水會隨波進退，因此形成了對稱形的紋路。這種紋路叫做浪成波痕，跟水流波痕一樣，只要在地層中找到它的蹤跡，就可以知道此地層曾有海灘存在過。

▶ 水流形成的紋路

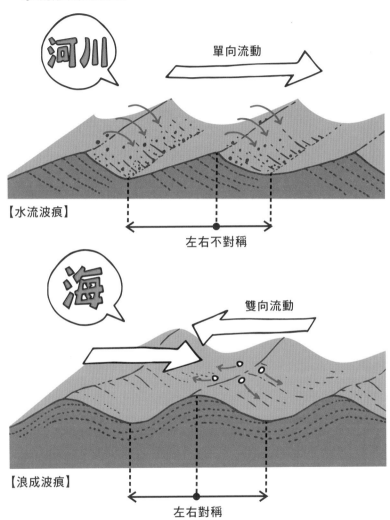

放大鏡的使用方法

　　想調查石塊、沙子、路邊的底岩，或是在野外進行勘查時，都少不了放大鏡。這是一種攜帶方便，又能放大物體影像幫助學習的道具。

　　使用放大鏡有訣竅。試著依照下圖使用看看吧。

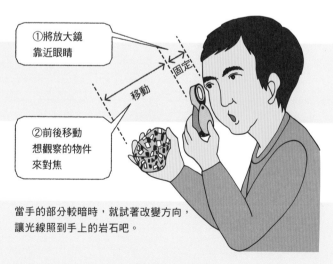

　　當手的部分較暗時，就試著改變方向，讓光線照到手上的岩石吧。

※在野外很容易弄丟放大鏡，用繩子穿過放大鏡掛在脖子上為宜。

Chapter 2

地球的
構造

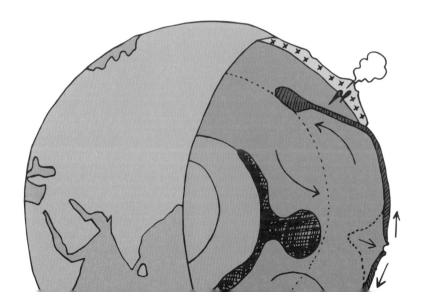

地球內部的結構

　　地層位於地球的表面。由於地球的半徑有約6300km以上,所以,雖然說是表面,但還是有相當的厚度。依化學性質對地球內部的構造進行分類的話,最外側的部分叫做地殼,海洋地殼的厚度約5km,陸地地殼的厚度則有30km。

　　就算是地殼較厚的陸地,其厚度也只占了半徑的二百分之一。順帶一提,雞蛋半徑為2～3cm,蛋殼厚度約為0.4mm。如果地球跟雞蛋差不多大,換算過來的話,地殼比蛋殼還要薄。而我們談的地層,就位於地殼當中。

　　地球內部的構造長什麼樣子呢?地殼的下面有地函,地殼與地函的分界叫做莫氏不連續面,這條界線是俄羅斯籍的莫霍羅維奇研究地震後所提出的論點。地函由岩石組成,地球約80％都是地函,中心部分有地核(core),是由鐵或鎳等金屬所構成。

　　依硬度來對地球的內部進行分類的話,地殼與地函上部部分叫做岩石圈。在地震相關的新聞報導中時常聽到的板塊,就是指岩石圈。其下方的地函較柔軟,叫做軟流圈。

▶ 地球的內部構造

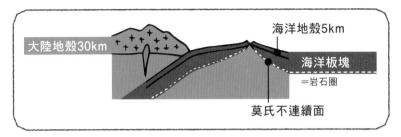

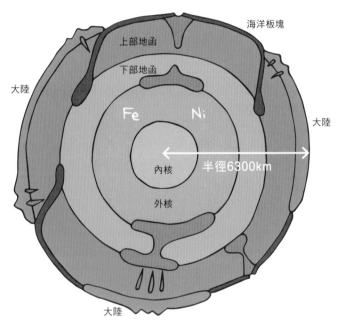

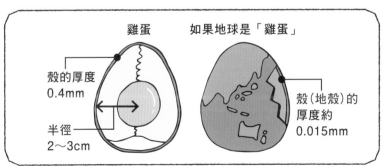

大地的活動

　　我們對發生在地球上各式各樣的現象開始有統整性的想法，是始自板塊構造學說的誕生。

　　韋格納因為非洲大陸與南美大陸的海岸線能像拼圖般拼在一起，於是認為這兩塊大陸以前彼此相連，只是後來分裂開來。這種想法叫做大陸漂移學說，發表於1900年。但是以那時的科學發展，人們無論如何都無法想像大陸會移動，因此這種學說並不為人所接受。

　　之後這個學說被遺忘了好一陣子。在1940年代以後，隨著海底調查的進展，人們發現越接近海脊的海底，形成的年代就越年輕，越遠則越老。海脊是指形成於海底的大山脈，是海底火山連綿的地方。人們就是發現了海底是在海脊地區形成的，如果海底有在移動，那麼也可以理解與此處相連的大陸會移動。如此一般，一度遭到忘卻的大陸漂移學說由於海底擴張學說的關係開始又受到大眾矚目。

　　海脊造成的海底，會載著從海底火山噴發出的熔岩、由浮游生物的遺骸堆積而成的燧石、自珊瑚礁形成的石灰岩等移動。如果海底不斷產生，地球就會變得越來越大，可惜並非如此，海底會在某個地方消失，那就是位於海底的大凹槽：海溝或海槽。在日本列島附近有日本海溝與南海海槽，這兩個地方就是海底消失的地方。

　　因為板塊是會移動的，海底或大陸也會隨著移動。這個板塊運動能充分解釋地震、火山、地層的形成等地球上各式各樣的現象。我們便將這種想法稱作板塊構造學說。

▶ 板塊構造學說

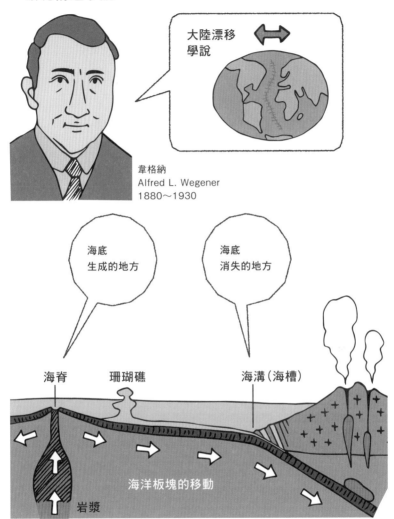

大陸漂移
學說

韋格納
Alfred L. Wegener
1880～1930

海底
生成的地方

海底
消失的地方

海脊　　珊瑚礁　　　　　海溝（海槽）

海洋板塊的移動

岩漿

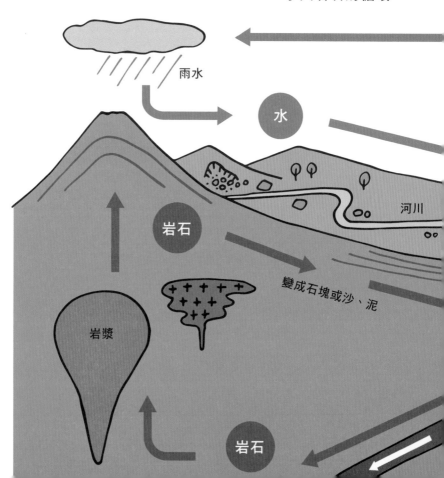

10

地球上的物質循環

　　從空中降下的雨水會滲進地面，或是流進下水道中。滲入地面的雨水形成地下水在地底下流動，湧出地面就形成所謂的湧泉。湧泉會聚集成河川，流進海洋中。海水蒸發後會形成雲，再化為雨水降落在地面。地球上的水就像這樣循環不息。

▶ 水與岩石的循環

雨水

水

岩石

河川

變成石塊或沙、泥

岩漿

岩石

就如同水循環一樣，組成岩石的物質也會在地球上循環。河灘上的石塊在洪水來襲時被沖進下游，這時候石塊會彼此衝撞，變得越來越小塊，最後就變成了沙與泥。沙與泥流過河灘和沙灘後沉積在海底。沉積後的泥沙會漸漸從海底，尤其深的海溝進入地下。其中一部分的泥沙熔化後會形成岩漿，冷卻凝固又變回岩石。還有另一部分的泥沙，則是經壓縮後變成岩石。如此形成的岩石會隆起成山，最後崩塌成塊。崩塌後的岩石流進河川，經過碰撞、磨平稜角的過程，又再度變回石塊。我們在河灘或海岸看到的石塊都逃不過這樣的循環，只不過這樣的循環過程需花上數千年到數億年之久。

　　不只是水與石塊，許多物質都是在地球46億年的歷史中，不斷重複著循環的過程，塑造出現在的自然環境。像碳元素或氮元素等，有時會形成氣體，有時則是生物的身體，有時又會變成岩石，以各式各樣的型態存在於地球上。

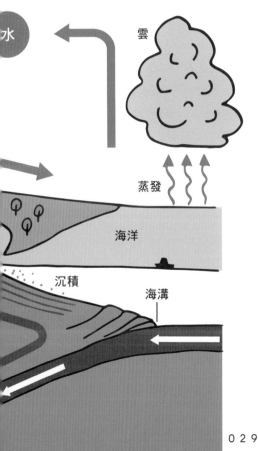

水

雲

蒸發

海洋

沉積

海溝

什麼是岩漿

　　雖然地球是固體星球，但在地下的某處仍然有岩石在熔化。岩石熔化後形成的液體叫做岩漿。岩漿凝固後的物質也算是岩石。在地球上，雖然是由水的作用搬運石塊或泥沙來形成地層，但岩石熔化後形成岩漿，岩漿再形成岩石的作用也能塑造出地層。

　　大部分的岩石在800～1200℃的高溫下會熔化，岩漿的溫度也相當如此。像岩漿這種高溫的物質，無法用我們平常使用的溫度計來測量溫度。所以，就要利用高溫物體會以光的形式釋放熱能的特性，使用測量光波長的感測器測量岩漿釋放出的波長範圍與光量，就可以推算出它的溫度。

　　岩石在地下數十公里的深度熔化成岩漿後體積會變大，相當於一定體積的重量，也就是比重會變小。於是岩漿就會比周遭的岩石來得輕，因此可以上升至地表附近（地表下數公里的深度）。岩漿會聚集在某個地方，此處稱為岩漿庫。底岩一產生龜裂，岩漿就會流進裂縫中。

　　一接近地表，岩漿的熱度就會被帶走，溫度逐漸下降，慢慢地冷卻凝固。

▶ 岩漿的形成方式

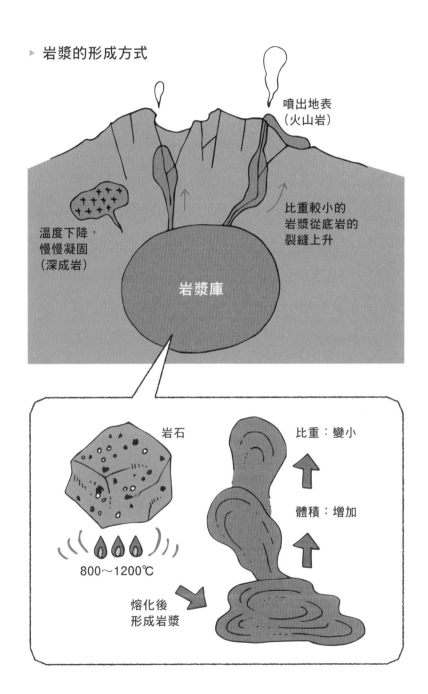

噴出地表
（火山岩）

溫度下降，
慢慢凝固
（深成岩）

比重較小的
岩漿從底岩的
裂縫上升

岩漿庫

岩石

比重：變小

體積：增加

800～1200℃

熔化後
形成岩漿

月球的地層、
地球的地層

地球上有山地、丘陵、平原、海底等各式各樣的地形。然而，在宇宙中距離地球非常近的月球上卻沒辦法找到這些地形，為什麼會產生這樣的差異呢？

我們所居住的地球上有空氣和水，而月球上卻沒有，更別說生物棲息。空氣與水加熱會變輕，冷卻會變重。因此，只要有溫差，就會造成空氣和水的循環。當空氣與水產生變化時，就會帶動泥、沙或石塊等各種物質。由此可以推斷，沒有空氣與水的月球，自然也不會有像地球這樣的演變。

此外，由於地球的內部很燙，為了釋放內部的熱能，地面會往水平方向移動，無論是板塊發生衝撞，或是處在熱噴發口的火山都會造成地表隆起，進而變成高山與丘陵，這時裡面的岩石就會因為重力影響往低處移動。另一方面，因為地球上有空氣與水，加上內部很燙，表面較古老的地層容易因此磨損並再形成新的地層，現在我們生活的環境中有凹凸不平的地形便是因為這原因所形成。

至於月球表面上的隕石坑，顧名思義就是因隕石撞擊而形成的地形。由於沒有其他外力介入，所以當隕石坑形成後，這樣的地形就原封不動地被保留了下來。在1961～1971年期間進行的阿波羅計劃中，太空人降落在月球的大地上，雖然自計劃後已過了50年左右，直到現在，月球表面仍留有當時的腳印和太空探測車的胎痕。

▶ 留在月球上的痕跡

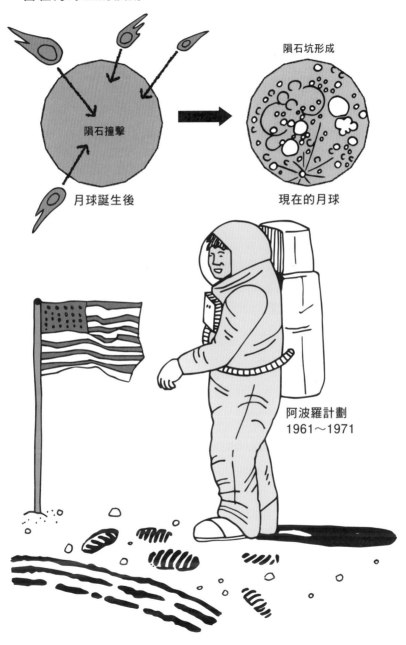

隕石坑形成

隕石撞擊

月球誕生後

現在的月球

阿波羅計劃
1961～1971

從月球了解地球的歷史

地球剛誕生時，表面處於陸續遭到微行星撞擊的狀況。微行星的動能會經由撞擊轉換成熱能，使地球表面的溫度上升。岩石可能因此熔化，變成濃稠的岩漿，這種狀態就稱為岩漿海。由於那時的地球處於極度高溫，當時的紀錄早已被熔化殆盡，絲毫沒有殘留紀錄於地層中。

可是即使沒有當時的紀錄，我們還是能推測出地球是在距今約46億年前誕生，這究竟是怎麼推算出來的呢？

留有當時紀錄的場所之一就是月球。月球的來源可能來自地球誕生的初始階段（原行星），當時的星體遭受撞擊後產生碎片，當那些碎片再度聚集後，就組成了地球的衛星——月球。由於月球不像地球有火山的活動或侵蝕作用，其表面上仍有地球或月球誕生時的石塊，這些岩石經過分析，就可以知道最古老的石塊是於46億年前留下的。所以，雖然這種岩石沒有在地球上留下蹤跡，卻在月球上留下了證據。

除了月球，透過隕石也能解讀45億年前的古老時代。所謂的隕石，是原行星發生撞擊，或是微行星撞上地球時飛散進宇宙空間中的物質，這些物質經過長時間的飄泊後會以隕石之姿落下。

Chapter 3

岩石的種類與地層的構造

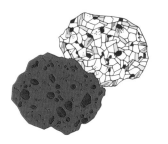

13

岩石的種類

　　形成地層的岩石有許多種類。在專業上，依岩石的形成方式不同可以分成3種。第一種是岩漿（岩石熔化後的狀態）冷卻凝固而成的火成岩，第二種是由水或風搬運來的泥沙堆積而成的沉積岩，第三種則是岩石在地下因高溫高壓變質而成的變成岩。

▶ **岩石的種類與形成的地方**

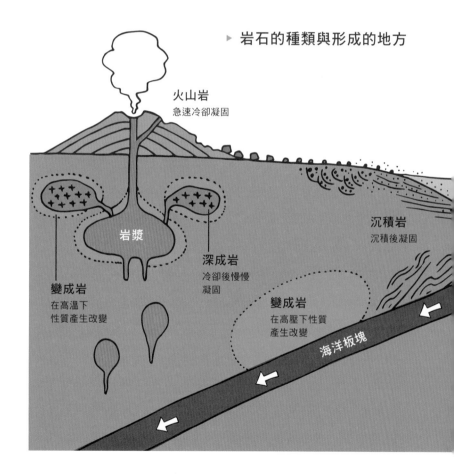

火山岩
急速冷卻凝固

岩漿

深成岩
冷卻後慢慢
凝固

變成岩
在高溫下
性質產生改變

沉積岩
沉積後凝固

變成岩
在高壓下性質
產生改變

海洋板塊

火成岩分成岩漿在地下冷卻凝固而成的岩石，以及在地上冷卻凝固而成的岩石兩種。可是同樣從岩漿演變而成的岩石，也會依冷卻凝固的地點不同，產生不同的性質。第一種是深成岩。岩漿在地下冷卻凝固時，會慢慢變硬，形成礦物結晶已成長的堅硬岩石（深成岩）。最常見的深成岩就是花崗岩。第二種是火山岩。岩漿沿著地盤裂縫噴出口的地方就是火山。噴出來的岩漿會急速冷卻成岩石，我們稱這種岩石為火山岩。日本是世界上數一數二火山集中的地區，無論火山區，還是曾經有過但已被夷平的地方都有火山岩分布其中。

沉積岩是由水流帶到湖、海底或是河川周遭等地堆積的物質，保留原本的構造，在壓力與化學作用下變硬而成。曾與火成岩呈對比，稱作水成岩。

火成岩或沉積岩等已經形成的岩石，如果再重新接受高溫、高壓的作用，其性質就會產生變化。這種性質產生變化後的岩石叫做變成岩。經常使用在裝潢中的大理石就是變成岩的一種。

在岩漿附近的岩石，經過加熱後性質會產生變化，也就是所謂的變成岩。另外，當沉積岩經加熱過後，就會變成較堅硬的角頁岩。

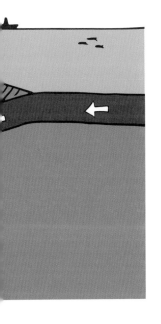

14

火山形成的岩石
（火山岩）

　　從火山噴發出來的岩漿叫做熔岩。雖然熔岩剛噴發出來時呈現柔軟的流動狀，但冷卻凝固後的岩石就成了火山岩，此類岩石可以依照內含的造岩礦物不同來分類。所謂的造岩礦物，就是形成岩石的礦物。火山岩主要可依7種造岩礦物的組合來分類。

　　外觀呈黑色或灰色的火山岩就是玄武岩。日本的富士山或伊豆大島、夏威夷島的冒納羅亞火山、基拉韋亞火山等都是代表性的玄武岩火山。特徵是二氧化矽（SiO_2）的含量較少，容易流動。在夏威夷，徒步就可以靠近到流動中的熔岩附近。玄武岩的名稱源自兵庫縣豐岡市的玄武洞。玄武洞就是以柱狀節理聞名的地方。這種柱狀節理，就是在玄武岩冷卻凝固時形成的。

　　顏色比玄武岩來得灰的是安山岩。安山岩廣泛分布於南美洲的安地斯山脈，因此，安山岩的英文名又稱為「Andesite」，也就是安地斯山的石頭的意思。中文名稱也直接翻譯為「安山岩」。與玄武岩相比，安山岩內含較多有黏性的二氧化矽，特色是以爆裂的方式噴發。日本的淺間山、磐梯山、草津白根山等就是安山岩火山的代表。

　　二氧化矽的含量比安山岩更多的是英安岩。昭和新山、或是於1991年爆發的雲仙普賢岳的熔岩穹丘都是由這種英安岩構成。由於英安岩有黏性，熔岩無法流出，因而形成了穹丘狀的地形。而二氧化矽含量更多的火山岩是流紋岩。在石器時代時曾被拿來製作箭簇的黑曜石就是流紋岩的一種。

▶ 火成岩的分類

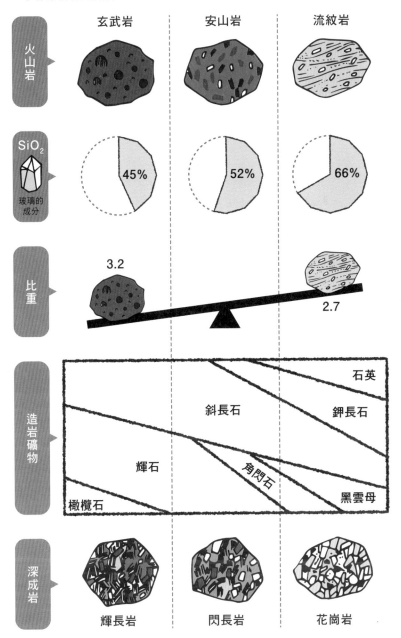

	玄武岩	安山岩	流紋岩
火山岩			
SiO₂ 玻璃的成分	45%	52%	66%
比重	3.2		2.7
造岩礦物	橄欖石　輝石	斜長石　角閃石	石英　鉀長石　黑雲母
深成岩	輝長岩	閃長岩	花崗岩

15

從火山
噴出來的東西

　　火山一爆發，熔岩或火山氣體、火山道周遭的岩石、水蒸氣等就會從火山口噴發出來。在這些噴發出來的物質中，以固體形式彈至遠處的，是叫做火山灰、火山礫、火山塊的物體。

　　火山灰一詞比較廣為人知，但火山礫和火山塊這些詞彙就比較少人知道了。顆粒大小比2mm小的是火山灰；比2mm大、小於64mm的是火山礫；比64mm大的就叫做火山塊。當然有時候也有數m的巨大火山塊噴發出來。由於火山爆發時，可能會有如此巨大的火山塊掉落下來，一旦遇上要多加注意。巨大的火山塊連建築物的屋頂都能打破，所以位於火山口附近的建築物內稱不上安全。

　　另一方面，由於火山灰的顆粒較小，在火山爆發時就會飄上高空，乘著風吹至遠方。因為日本列島上空吹的是偏西風，所以位於九州的火山爆發時所噴出的火山灰，也曾傳到北海道那裡，導致火山灰廣布日本列島。此外在關東平原，有許多從箱根火山和富士山、八岳、淺間火山等位於關東平原西側的火山飄來的火山灰堆積在此處。在日本列島的許多地方，構成地表的土壤中都混有從這些火山飄來的火山灰。

　　火山灰雖然稱為灰，但與物體燃燒後的灰燼大不相同。火山灰是玻璃和礦物等物質所構成的岩石顆粒，帶有稜角。如果不小心吸進大量的火山灰，火山灰就會吸收體內的水分變成水泥狀，要多加小心。未來富士山有可能會爆發，當富士山爆發時，它的火山灰也會飄到東京吧。屆時可能會對電子儀器等造成影響，引發許多問題。

　　從火山噴發出來後掉落在地面的物質也會依其顏色分類。呈白色並有起泡過的稱為浮石，黑色的則稱為火山渣。浮石以前也曾被拿來去除腳跟的角質。

▶ 火山噴出物的種類

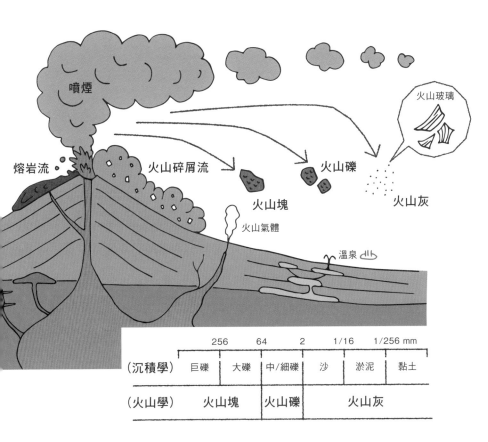

	256	64	2	1/16	1/256 mm
(沉積學)	巨礫	大礫	中/細礫	沙	淤泥	黏土
(火山學)	火山塊		火山礫	火山灰		

火山玻璃

噴煙

熔岩流

火山碎屑流

火山塊

火山礫

火山灰

火山氣體

溫泉

從火山
流出來的東西

在火山爆發時，以高速流過地面的火山碎屑流，是由火山灰、浮石、氣體、空氣所組成。其溫度高達600～700℃，以100km/h的高速穿過小規模的地形前進。1991年6月，在雲仙岳山頂上成長的熔岩穹丘崩塌，因此引發火山碎屑流，造成多人死亡。

▶ **超級普林尼式爆發**

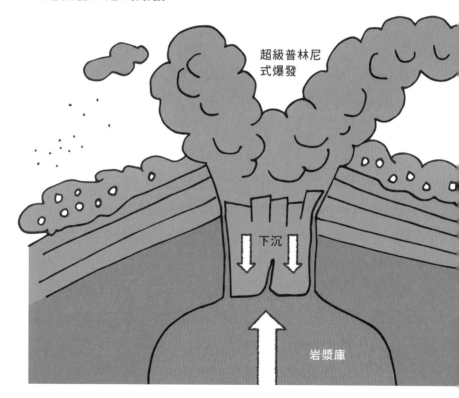

超級普林尼式爆發

下沉

岩漿庫

火山碎屑流是以堆積物的形式記錄在地層中。比如說，有一個命名為Aso-4火山碎屑流堆積物的地層，就是距今9萬年前從阿蘇火山噴發出來的堆積物，沉積範圍非常廣泛。那是因為，那時的火山爆發是超級普林尼式，屬於巨型火山爆發的等級。其火山碎屑流廣布九州北部到中部，末端甚至越過了海洋，擴及山口縣及天草。此外，廣遍九州鹿兒島周邊的白砂台地，是由約3萬年前的入戶火山碎屑流堆積而成。火山碎屑流堆積物的固體部分常常因為火山碎屑流本身的熱度熔化，再因為自身的重量壓縮成叫做熔結凝灰岩的地層。

　　在火山爆發時，山頂上只要有冰河或大量的雪，那些冰河和雪就會因為爆發熔化成水，與從火山噴出來的火山灰和輕石混合成泥流流下山體，這種現象叫做火山泥流。1985年的哥倫比亞內瓦多·德·魯伊斯火山，以及1926年的十勝岳火山爆發都有火山泥流發生。由於泥流流動性高，堆積範圍廣，因此受災範圍廣大。

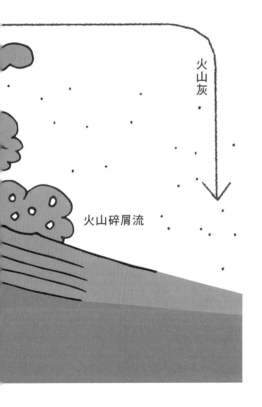

火山灰

火山碎屑流

岩漿在地底下冷卻凝固
而成的岩石（深成岩）

　　岩漿在地底下冷卻凝固的話，就會形成花崗岩、閃長岩、輝長岩等深成岩。由於這些深成岩是在熔化的狀態下慢慢冷卻的，因此內含的各種礦物會成長、變大，礦物的顆粒聚集在數mm的大小中。深成岩的石質堅硬，研磨後會產生光澤。根據內含礦物的比例來分類，花崗岩有相當多種。石英含量多、顏色顯白的是花崗岩。形似芝麻鹽飯糰的岩石也是花崗岩。

　　花崗岩是形成地殼的主要岩石，全世界許多地方都有它的蹤跡。日本的花崗岩廣布於西南邊，位於神戶市的御影，自古以來就能從六甲山地切割出花崗岩，因此，花崗岩又有一個代名詞叫做「御影石」。在關東地方，從筑波山到真壁都有出產花崗岩，稱之為真壁石或稻田石。花崗岩會用來製作墓碑或大樓的外牆。國會議事堂的外牆之所以是白色的，就是因為那是花崗岩的顏色。該外牆是用廣島縣倉橋的花崗岩製作，又叫做議院石。

　　花崗岩有一個性質，就是會產生從三個方向垂直交錯的裂紋。因此，即使是在自然的狀態下，也能形成彷彿在採石場以人工切割出來的地形。木曾川沿岸的寢覺之床就是代表性的景觀。人類自古以來便利用這種容易切割的方向（稱之為紋理），不用大型機械，就可以將花崗岩從山地切割出來。

　　相對於顏色較白的花崗岩，比較黑的就是輝長岩。輝長岩裡含有鐵與鎂。另外，顏色介於花崗岩與輝長岩之間的是閃長岩。用來當作石材的輝長岩或閃長岩，又叫做黑御影。

▶ 花崗岩的特徵與分布

芝麻鹽飯糰

有容易切割的方向

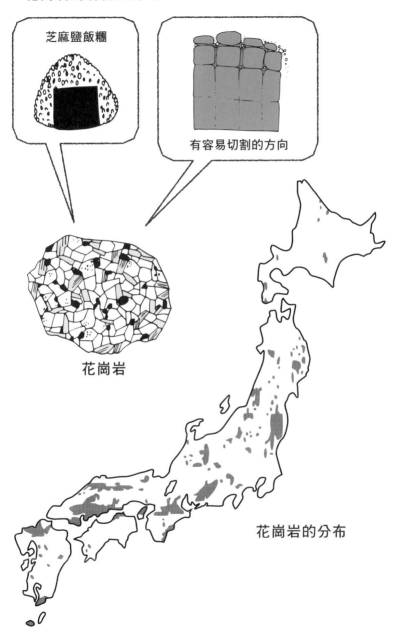

花崗岩

花崗岩的分布

泥沙形成的
岩石（沉積岩）

　　在地球上，河川、風、冰河、空氣或水源源不絕地流動著。這些現象搬運著沙土及石塊。只是當流動減弱後，就會漸漸無法負載這些土、沙和石塊，因此，這些物質會慢慢沉積在陸地或海底。在逐漸層疊之下，一開始堆積的物質就會因為承受上方的重量而被壓縮、固結，並在進行了正好與混凝土凝固所需的時間一樣長的化學變化後，逐漸變成堅硬的岩石。我們稱這些作用為成岩作用。

　　儘管自然界中有各種大小的顆粒，構成沉積岩的顆粒大小大致上卻是一致的。這是因為空氣和水在流動的過程中，會篩選搬運中的顆粒。比如說，海底之所以會有較多泥土堆積，是因為只有泥會乘著河川的水流，從陸地搬運到遙遠的海中。這些沉積在海底的泥沉進地下深處、受到高壓影響後，就會變成泥岩。

　　沙會經由成岩作用變成砂岩，該底岩隆起後，就形成了山。當底岩碎裂後，就會變成砂岩的石塊（礫石）。之後又在河川中往下游移動的過程中越越越細，逐漸變成了沙。這些沙一聚集起來，又會變成砂岩。就像這樣，物質會變化成底岩、石塊或沙粒等各式各樣的型態來循環。地球上的物質正在循環的證據之一，就是沉積岩。在從形成時起就幾乎沒有變化的月球上，由於沒什麼物質移動，所以沒有沉積岩的存在。

▶ 沉積岩的形成方式

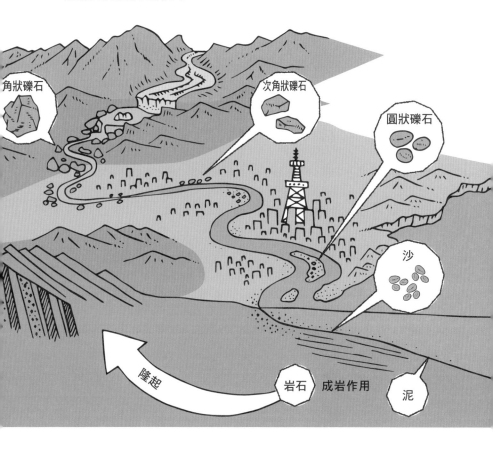

生物形成的岩石

　　除了地球內部的作用，或是水或風的流動之外，生物的活動也能促成地層的形成。我們最常看到的因生物作用形成的地層，就是水泥的原料石灰岩。石灰岩是珊瑚的遺骸，以及身體由碳酸鈣構成的紡錘蟲或貝類聚集、沉積，再固結而成的。由珊瑚聚集而成的地形是珊瑚礁。珊瑚礁是由造礁珊瑚這種有碳酸鈣骨骼的動物所形成。造礁珊瑚與蟲黃藻共生，透過蟲黃藻的光合作用獲得能量。此外，造礁珊瑚本身也會捕食浮游生物。這種石灰質外殼就是石灰岩的起源之一。

　　珊瑚需要陽光才能生存。由於棲息在能照射到光線的淺海，珊瑚礁唯有在陸地周邊才能生長。在深邃的太平洋中，因海底火山爆發而形成的火山島中有發達的珊瑚礁地形。也有火山島的陸地部分已被侵蝕殆盡，僅留下珊瑚礁的部分。

　　石灰岩的岩體很難被侵蝕，因此石灰岩本身時常構成山體或廣闊的階地。那裡的地表雖然凹凸不平，卻幾乎看不到河川的蹤影。含有二氧化碳的雨水會從石灰岩的裂縫流進地下，溶解石灰岩。就像這樣，水流會擴大裂縫，形成鐘乳洞。碳酸鈣在溶解後會化為結晶形成鐘乳石或石筍這種特殊地形。陸地部分則形成遍布著空洞的平緩地形，擁有這種特徵的地形叫做喀斯特地形。由於有這種獨特的景觀，日本的秋吉台與平尾台因此受指定為自然紀念物。全世界像是中國的桂林等地也很有名，有許多觀光客造訪。

　　常作為打火石使用的燧石也是起源自生物的岩石，是由放射蟲這種有玻璃質殼的浮游生物遺骸聚集、固結而成的。由於是相當堅硬的岩石，石塊難以磨圓，因此帶有許多稜角。

▶ 構成石灰岩與燧石的生物

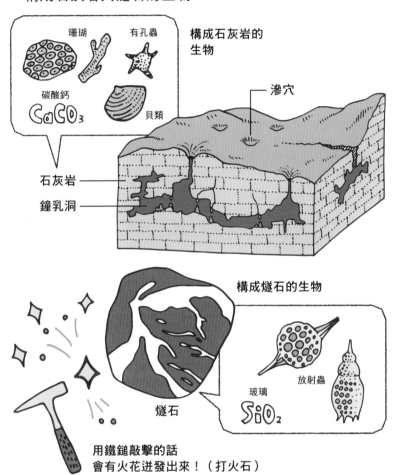

構成石灰岩的
生物

珊瑚　　　有孔蟲

碳酸鈣
CaCO₃

貝類

滲穴

石灰岩

鐘乳洞

構成燧石的生物

放射蟲

玻璃
SiO₂

燧石

用鐵鎚敲擊的話
會有火花迸發出來！（打火石）

20

因高壓、高溫
變質的岩石

　　沉積岩或火成岩經由大地的活動，並處在地球內部高溫高壓的條件下，會轉變為別種岩石。我們稱這種岩石為變成岩。雖說轉變，但仍保留有原來岩石的構造，因此會依照原來岩石的種類，以及變成的種類、程度來分類。

　　由於變成岩在變質後的外觀相當美麗，經常用來當作石材使用。比如說，時常用來製成飯店大廳牆面的大理石，就是石灰岩遇熱產生變質作用再度結晶而成的。同樣為遇熱變質而成的是角頁岩（hornfels）。英文名中的horn在德語中是角的意思，由於角頁岩很硬，一切割下去就會像角一般裂開來，因此得名。角頁岩原本是泥岩或砂岩。無論是大理石還是角頁岩，都是相當堅硬的岩石。

　　岩石也會因為壓力變質。由於固定從某個方向受力，會形成有一定方向性的岩石。比如說，泥岩受到壓力後會變成板岩（slate），還會再變成千枚岩、結晶片岩或片麻岩。板岩類的岩石有易於往同一方向切割的構造，其切面叫做片理。人們利用板岩的構造將它切割成薄片，製成屋瓦。同時也是硯台的原料。

　　變成岩的夥伴裡，有一種叫做蛇紋岩的岩石。因為蛇紋岩是綠色的，表面的紋路就像蛇一樣，因而稱之。蛇紋岩雖然不是到處都有的岩石，但卻因為它容易風化，時常造成地滑等而聞名。此外，蛇紋岩因為含有鎂和鉻、鎳，不容易長出一般的植被，因此形成相當有特色的植物群落。

▶ 遇熱或壓力形成的變成岩

遇 **熱** 再度結晶

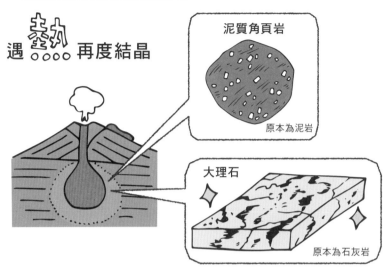

泥質角頁岩

原本為泥岩

大理石

原本為石灰岩

遇 **壓力** 再度結晶

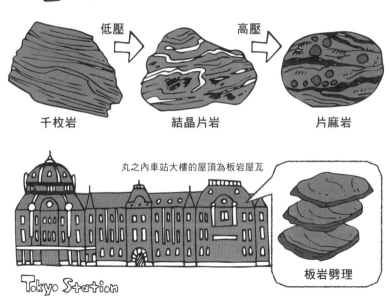

千枚岩   低壓 ➡   結晶片岩   高壓 ➡   片麻岩

丸之內車站大樓的屋頂為板岩屋瓦

板岩劈理

Tokyo Station

錯動的地層、彎曲的地層

　　地層在某些地方會錯動，當地層產生錯動的現象或地點，就叫做斷層。從三度空間的角度來思考的話，產生錯動的地方就會形成一個面，我們稱那個面為斷層面。

　　斷層是該地的地質受到來自某方向的力，並產生位移時形成的。那個力可能是擠壓的力，又或者是拉扯的力。外力擠壓形成的斷層會以斷層為界，攀上另一層地層。我們稱此種斷層為逆斷層。而受外力拉扯形成的斷層，則會以斷層為界往下滑落，這種斷層就叫做正斷層。滑落的地層之所以稱作正斷層，據說是因為在世界第一個詳細調查地層的國家英國有許多正斷層。除了以這些方式形成的斷層外，也有地層橫向錯動形成的橫移斷層。許多斷層都會隨著正斷層或逆斷層的移動往橫向位移。當斷層移動時，地盤就會產生很大的震動，這個震動就是地震。斷層也可以說是地震的化石吧。

　　也有受力而彎曲的地層。大波浪般彎曲的地質與現象本身就叫做褶皺。褶皺會在比較柔軟的地層發生。

　　雖然斷層或褶皺是在地下受力形成的，但不同於這些現象，地層也會受到目前的地形狀態的影響而變形。在山地的斜坡部分，當斜坡下面遭到侵蝕而處於不穩定的狀態時，底岩就會變形。由於底岩會緩緩地移動，因此稱此種現象為底岩蠕動。由於是往地層的層理或片理等容易裂開的方向產生裂縫並變形，因此地層形成有如往斜坡下方敬禮，或是宛如彎曲膝蓋般的構造。

▶ 斷層與褶皺

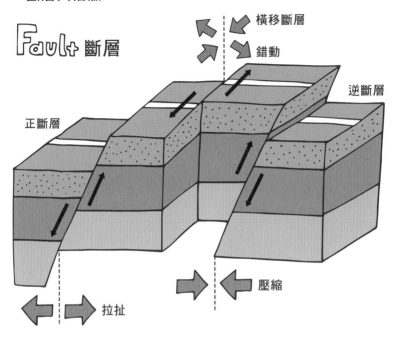

Fault 斷層

横移斷層
錯動
逆斷層
正斷層
拉扯
壓縮

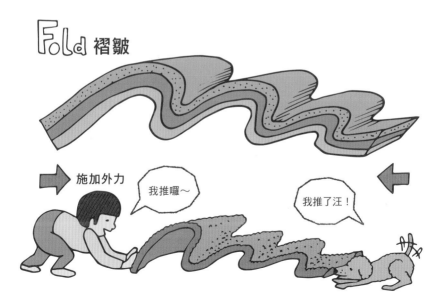

Fold 褶皺

施加外力

我推囉～

我推了汪！

地層的顏色與花紋

　　地層中有各式各樣的顏色與花紋。這些顏色與花紋，各自受到所在地層的形成過程影響，我們可以從中解讀出許多資訊。

　　覆蓋地表的土壤是黑色的，這是因為其中含有許多從植物體分解而成的有機物。於濕地形成的泥炭因為是植物遺骸集聚而成，所以外觀顏色呈現烏黑。

　　當土壤有機物含量少，並受到所處地區環境影響時，呈現出來的顏色就不同。含有較多鐵的土壤在鐵氧化（生鏽）後，會變成紅色的。關東平原中有被稱為紅土的關東壤土層廣布，這個壤土層來自火山爆發時噴發出來的火山灰，並由火山灰中所含的鐵成分氧化而形成。在熱帶地區中有許多紅色的土（磚紅壤）分布其中，這種紅色也是因為鐵成分氧化而成。像這樣氧化、變紅的土壤若處於氧元素較少的還原狀態下，會變成藍綠色的。

　　石頭也會依其種類呈現不同顏色。最廣為人知的就是呈現紅色的燧石。燧石的顏色是因為內含的鐵氧化而造成。不只有紅色的燧石，也有比較白的燧石，會比較白是因為裡面含有許多石英。

　　有一種叫做青石的石頭，時常用來當作裝飾庭園的庭石。青石是呈藍綠色的結晶片岩，有秩父青石、紀州青石、伊予青石等種類。青石會呈現藍綠色，是因為岩石中所含的一種叫做綠泥石的礦物。此種礦物是在地底下受到高壓形成的，由此可知這種石頭曾受到變質作用（低溫高壓型的變成）。

▶ 岩石原本的顏色是什麼？

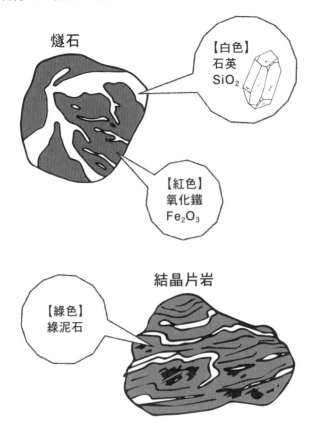

燧石

【白色】
石英
SiO_2

【紅色】
氧化鐵
Fe_2O_3

結晶片岩

【綠色】
綠泥石

　　賦予地層外觀特徵的東西除了顏色之外，還有花紋。在觀看地層時，最常看到的就是地層與地層的界線：層理。而嵌入地層中的各式各樣大小的裂紋，叫做節理。此外，像片岩等容易往單一方向剝落的岩石中，就有片理這種構造。沉積物或是由此形成的岩石中，則有顯示一次沉積過程的葉理。

越來越脆弱的岩石

　　即使是堅硬的岩石，時間一久，也會變得越來越脆弱。我們稱這種現象為風化。風化是因為重複表面濕潤、乾燥、加熱、冷卻的過程，或是受到化學性或生物影響而產生的變化。依照岩石種類不同，岩石的內部與外觀可能會因風化變得截然不同。在觀察地層時，如果不去除表面已風化的部分，可能會認錯岩石的種類。

　　花崗岩雖然是堅硬的岩石，但風化後會變成叫做分解花崗岩的沙子。由於花崗岩裡原本就有縱橫垂直交錯的裂痕，水會滲進這些裂痕進行風化作用。已風化的部分逐漸從此擴散後，夾在裂痕中的部分就會以圓形岩石的形狀遺留下來。經過很長一段時間，分解花崗岩的部分被侵蝕掉後，就只剩下圓形的石頭留在山上了。

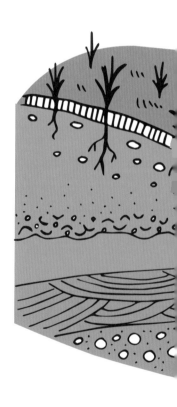

　　在海岸地區，有時也會因風化塑造出如蜂巢般的小地形。這種地形叫做風化穴。這種風化穴是因為海水造成的風化作用而來。因海浪濺起的海水會滲進海岸線附近的底岩，當海水乾燥時，海水內含的鹽類就會形成結晶。結晶越長越大後，就會破壞底岩的表面，造成坑洞。由於越是凹陷的部分，海水就越容易滲進去，所以會更促進風化作用進行，逐漸形成如

蜂巢般的紋路。

　　植物的根侵入底岩裂縫的現象，就是生物造成的風化。比如說，這種現象有時會取名為石割松之類的名字。隨著樹木成長，裂縫也會變大，讓岩石漸漸裂開。

▶ **外觀因風化改變的岩石**

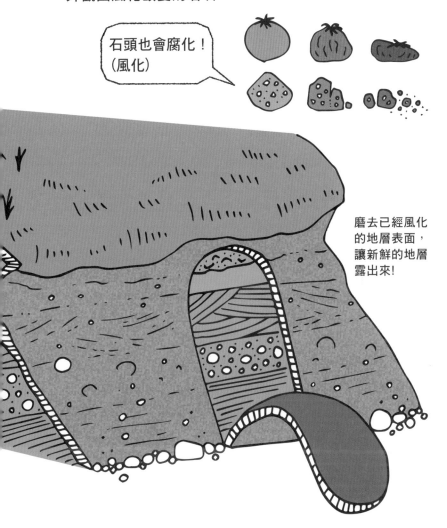

石頭也會腐化！
（風化）

磨去已經風化的地層表面，讓新鮮的地層露出來！

日本的縣石

日本地質學會在2016年5月為每個都道府縣選出一種岩石、礦物、化石為其代表。選出的縣石都是該都道府縣產出的石頭中，最能代表該地區的種類。這裡列出了岩石的列表。關於礦物與化石列表及各個項目的解說，請看日本地質學會的網站。

47都道府縣石（岩石）

北 海 道	橄欖岩	三 重 縣	熊野酸性岩類
青 森 縣	錦石（含有鐵成分，主要由玉髓組成的岩石）	滋 賀 縣	湖東流紋岩
岩 手 縣	蛇紋岩	京 都 府	鳴瀧砥石（前期三疊紀矽質黏土岩）
秋 田 縣	硬質泥岩	兵 庫 縣	鹼性玄武岩
宮 城 縣	板岩	大 阪 府	和泉石[和泉青石]（砂岩）
山 形 縣	英安凝灰岩	奈 良 縣	玄武岩枕狀熔岩
福 島 縣	片麻岩	和歌山縣	長英質火成岩類
茨 城 縣	花崗岩	香 川 縣	讚岐石（古銅輝石安山岩）
栃 木 縣	大谷石（凝灰岩）	德 島 縣	藍片岩
群 馬 縣	鬼押出熔岩（安山岩）	高 知 縣	花崗岩類（閃長岩）
埼 玉 縣	片岩	愛 媛 縣	榴輝岩
東 京 都	無人岩	鳥 取 縣	沙丘沉積物
千 葉 縣	房州岩（凝灰質砂岩、細礫岩）	島 根 縣	來待石（凝灰質砂岩）
神奈川縣	英雲閃長岩	岡 山 縣	萬成石（花崗岩）
新 潟 縣	翡翠輝石岩	廣 島 縣	廣島花崗岩
富 山 縣	條紋狀大理石（石灰華）	山 口 縣	石灰岩
石 川 縣	矽藻土（矽藻泥岩）	福 岡 縣	煤炭
福 井 縣	笏谷石（火山礫凝灰岩）	佐 賀 縣	陶石（變質流紋岩火山碎屑岩）
靜 岡 縣	赤岩（凝灰角礫岩）	長 崎 縣	英安熔岩
山 梨 縣	玄武岩熔岩	大 分 縣	黑曜石
長 野 縣	黑曜石	熊 本 縣	熔結凝灰岩
岐 阜 縣	燧石	宮 崎 縣	鬼之洗濯岩（砂泥岩互層）
愛 知 縣	松脂岩	鹿兒島縣	白砂（主要為入戶火山碎屑流沉積物）
		沖 繩 縣	琉球石灰岩

http://www.geosociety.jp/name/category0022.html

Chapter 4

化石與地質
的時代

留在地層中的
生物痕跡

　　殘留在地層中的生物痕跡就是化石。化石可能是骨頭或貝殼等生物身體的全部，亦或者是殘存的一部分，也可能是生物生活後留下來的痕跡。自古以來，我們靠這些化石了解地球的歷史。

　　骨頭、貝殼、植物遺骸等生物身體的化石中，有留下原來樣貌的，也有樣貌消失、礦物取而代之的，無論哪一種，都叫做實體化石。另一方面，沒有留下生物遺骸、形狀像印章般印在地層中的化石，此種化石叫做模鑄化石。實體化石與模鑄化石統稱為遺體化石。

　　並非地球上全部的生物都可以變成遺體化石。而且就算有留下化石，也不代表該生物的相關資訊全都有留在化石上，有時候僅僅提供一部分的資訊而已。雖然骨頭或貝殼是比較容易留下來的部分，但肉體的部分卻無法留下來。像軟體動物等，除非運氣好一點有以模鑄化石的形式保存下來，一般來說，是很難以化石的形式留存的。即使骨頭有留下來，在生物死亡後，也很常被沖離原本所在的地方，因此有時候很難知道生物原本的骨骼是什麼構造，或是曾在哪裡生活，要復原當時的狀況相當困難。

　　除了遺體化石外，還有一種叫做生痕化石的化石。這類化石是從生物的巢穴、足跡或糞便殘留在地層中所形成的，是生物生活的痕跡。這種化石可以幫助我們了解生物的生活狀況。

　　比如說，藉由比較某生物巢穴化石的形狀，以及該生物巢穴現在的形狀，就可以推測出牠們是如何挖掘巢穴的。此外，也可以從糞便的化石，推測出不會以化石形式留下來的內臟的狀況。從足跡的化石，則可以推測出身體平衡等資訊。我們就是像這樣分析生物留在地層中的各種痕跡，經過整體性的思考後，來復原遠古生物的生活。

▶ 以化石形式留下來的事物

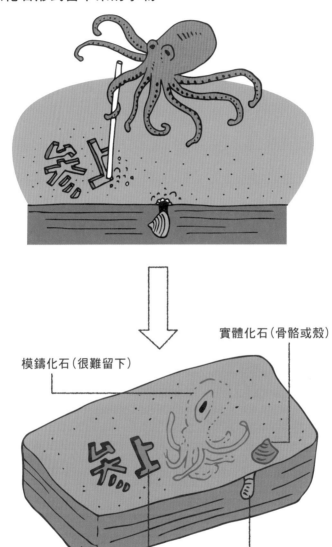

模鑄化石（很難留下）

實體化石（骨骼或殼）

生痕化石（巢穴等）

從化石可以了解到的事

　　由於地層形成時，新的地層會堆積在現存的地層上，所以地層是由下往上越來越新的。這種地層觀察方法叫做疊積定律。疊積定律是在1600年代，由丹麥的斯坦諾發現的。之後在1700年代末期，威廉·史密斯確立此種定律，因此疊積定律又叫做斯坦諾·史密斯法則。在無法像現代用各種方法調查地層年代的時代，化石是決定地層時代相當重要的資訊。比較從地層出土的化石，形態較為複雜的化石就是已經進化的種類，也就是說，該化石的地層時代比較新。

　　化石不僅能像這樣決定地層的順序，也提供了許多有關地層形成的資訊。只要知道其他地層不會產出某地層中所含的化石，就可以比較位置較遙遠的地層。從這樣片斷的地層資訊中，可以調查出該地域整體地層的堆積狀況。我們稱這種成為地層基準的化石為標準化石。

　　我們也能用化石來調查該地以前處在什麼樣的環境中。如果發現了在淺海生活的貝類化石，就可以知道該地層是在淺海中堆積而成

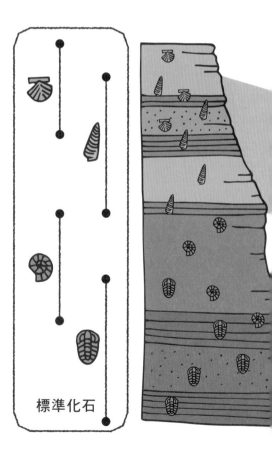

標準化石

的。此外，如果發現居住在溫暖地區的動物化石，就可以知道該地層當初是在氣溫高的環境下堆積而成。像這樣顯示過去環境的化石，叫做指相化石。如此一般，地質學研究透過化石的使用，有了卓越的發展。

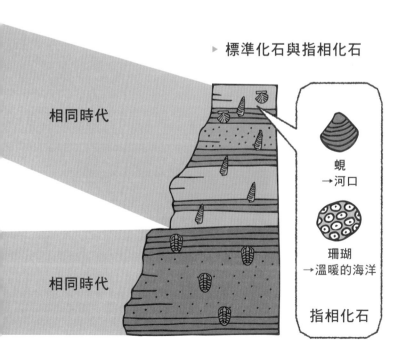

▶ **標準化石與指相化石**

相同時代

相同時代

蜆
→河口

珊瑚
→溫暖的海洋

指相化石

復原已滅絕的
生物

　　雖然研究員會利用從地層中挖掘出來的化石，復原出從前曾有什麼樣的生物存在，但如果是現今已經滅絕的生物，其復原是相當困難的。

　　在大型生物誕生於地球上的寒武紀時期中，有一種叫做奇蝦（Anomalocaris）的動物。這種生物在寒武紀曾以最大的動物之姿繁榮，但到了現在，世上不見奇蝦子孫的蹤跡。因此，從化石復原回奇蝦的形態並不容易。在一開始，研究員認為奇蝦的化石是蝦子的尾巴。但是，由於沒有在化石四周發現蝦子的頭等部位，因此將化石的學名取名意為「奇妙的蝦子」的奇蝦（Anomalocaris）。除了這個化石，另外還有發現嘴巴的部分，也被認為是別種生物的化石。研究員認為那是水母的化石。但是，他們認為那是種中間開了一個洞、形狀奇妙的水母。此外，身體部分則被認為是海參的一種。那種海參長著魚鰭，形狀同樣很奇怪。這兩個部分分別命名為皮托蟲（Peytoia）和推甘蟲（Laggania）。

　　然而在之後的挖掘過程中，發現一個將奇妙的蝦子、中間開了一個洞的水母、有魚鰭的海參融為一體的化石，得以理解原本以為是別種生物的生物，實際上是同一種生物。其實蝦子是觸手，水母是嘴巴，海參則是身體。接著，之後又重新將這種生物命名為奇蝦。

　　直到現在，學者仍在持續研究這種生物。研究員原本以為此種生物是在海水中悠游的，但也有在海底爬行、生活的說法。

▶ 從化石復原回來的生物

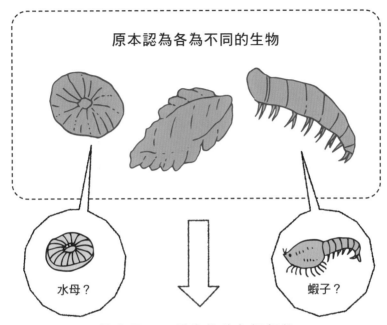

原本認為各為不同的生物

水母？

蝦子？

其實是同一種生物的各個部位

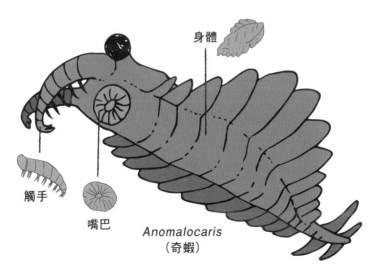

身體

觸手

嘴巴

Anomalocaris
（奇蝦）

27

微化石的世界

　　化石對調查地層的上下關係，或是對比相隔遙遠的地層時相當有幫助。也可以說，地層研究與化石研究就像兩人三腳般一同進展。但是，化石也有弱點。雖然這樣說有點多餘，但在不會產出化石的沉積岩中，是無法利用化石調查的。此外，如果化石產出狀況不佳，就不具備解開複雜地層構造的用處。

　　在日本，增積岩體的地層廣泛分布。而關於這種地層的年代，現在所推測出的年代跟以前推測出的年代有很大的差異。以前是透過能用顯微鏡觀察、包含在石灰岩內的紡錘蟲化石來推測岩石的年代。雖然除了石灰岩外，還有燧石與泥岩地層分布於此，但從這些岩石地層中，沒有發現能用肉眼觀察的地層，因此沒有分析過那些岩石。

　　之後，確立了從堅硬的岩石燧石中，抽取出有玻璃質骨骼的放射蟲微化石的方法。如果使用電子顯微鏡，就可以觀察非常小的放射蟲化石（50～100μm、1mm的1/10到1/20）。一調查放射蟲，就會發現地層的年代，遠比之前基於紡錘蟲化石推測出的年代新。由於石灰岩的岩石是新的岩石吸收舊時代的岩石塊所形成的，並不適合推測地層形成的時代。藉由研究放射蟲，地層的年代感產生了很大的變化，有時候也稱這個研究的進展為放射蟲革命。這個研究與板塊構造學說的研究結合，讓我們對日本列島形成的理解前進了很大的一步。

▶ 放射蟲的形態變化

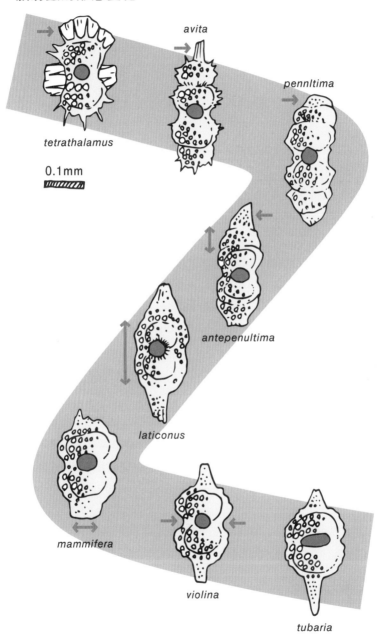

avita

pennltima

tetrathalamus

0.1mm

antepenultima

laticonus

mammifera

violina

tubaria

28

留在地層中的
地球磁場

　　有幾種方法可以調查方位。其中一種方法，就是從那時候的時間與太陽的位置去推測。此外，晚上的時候，也可以藉由尋找北極星來調查。最簡單的方法，就是使用指南針，指南針會指向北方。

　　指南針會指向北方，是因為地球本身就是一個大磁鐵。我們所持有的指南針的N極受地球這顆大磁鐵的S極吸引，使指南針指向北方。

　　地球之所以有如磁鐵般的性質，可能是因為地球處於有如發電機般的狀態中。這種想法叫做發電機理論。發電機理論認為地球有由鐵與鎳構成的核心，核心受自轉的影響產生對流，由此產生電流，變成有如發電機的狀態，因此產生磁力。

　　磁鐵的作用叫做磁性，地球這塊磁鐵的作用就叫做地磁。地磁在地球悠久的歷史中一直持續作用著。地磁有在經過某種程度的時間後，N極與S極就會互換位置的特徵。這種互換每隔數萬年到數十萬年就會發生。

　　過去的地磁狀況記錄在火山岩中。岩漿一噴發出地面上，內含的有磁性礦物就會受到當時地磁的影響，各自像指南針般往同一方向聚集。由於岩石會在這種狀況下凝固，所以火山岩就會把那些礦物冷卻凝固時的地球磁場記錄下來。在如海底火山這樣連續形成火山岩的地方，只要連續調查火山岩的地層，就可以了解地磁以數萬年～數十萬年為周期替換位置的情況。

▶ 記錄在岩石中的地球磁場

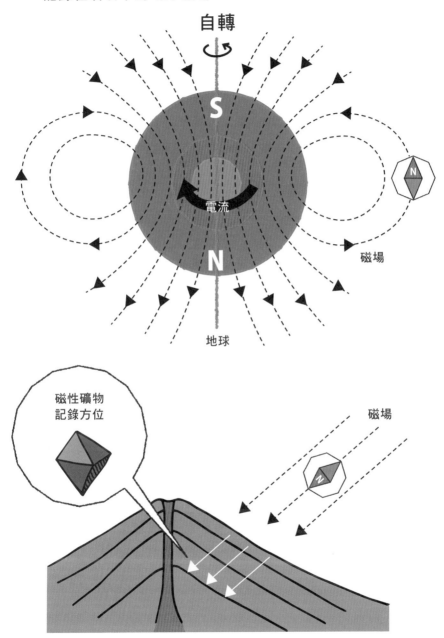

自轉

S

電流

N

地球

磁場

磁性礦物
記錄方位

磁場

從地層了解
過去的環境

　　在地層中，記錄著各式各樣的資訊，藉由解讀這些紀錄，我們就可以了解過去的自然環境。如果地層中有火山灰，就可以知道當時曾有火山爆發。此外，如果地層中有產生錯動，也就是斷層的話，就可以推測出曾有地震發生。

　　我們也可以從地層推測出過去的氣溫變化。這要運用冰河或冰床會隨氣溫變化消長的現象來推斷。

　　陸地上的冰床、冰河的起源是雪。降在極地或山岳地區中的雪經過一整年後，變成冰並流動便會形成冰河。這些雪起源自雲，雲又起源自從海水蒸發的水蒸氣。而水蒸氣也就是水，是由氫與氧結合而成的。這些氧元素中，存在著不同質量數的氧元素：同位素，幾乎所有氧元素的質量數為16，但有極少部分的質量數為17跟18。較容易從海水蒸發的，就是與質量數少的氧元素（^{16}O）結合、重量較輕的水。在冰河擴大的寒冷時期，這些較輕的水就會以冰河的形式儲存在陸地上，較重的水則留在海水裡。

　　另一方面，在冰河融化的溫暖時期，由於陸地上的冰消融後，較輕的水會流進海裡，跟寒冷的時期比起來，較重的水的比例就會減少。像這樣的變化會記錄在當時生活在海中，稱作有孔蟲的微生物殼上。有孔蟲死亡後會堆積在海底，持續採集堆積在海底地層的有孔蟲的殼，調查殼中所含的重氧元素與輕氧元素的比例，就會發現隨著時代更迭，數值也會有所變化，我們就可以將這種比例的變化解讀為過去的氣溫變化。

▶ 從氧同位素比例了解氣溫變化

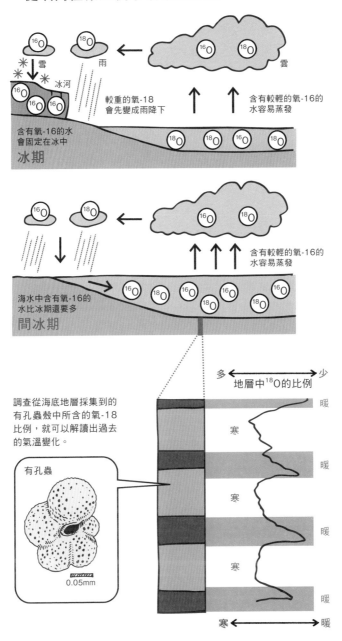

含有較輕的氧-16的
水容易蒸發

較重的氧-18
會先變成雨降下

含有氧-16的水
會固定在冰中
冰期

含有較輕的氧-16的
水容易蒸發

海水中含有氧-16的
水比冰期還要多
間冰期

調查從海底地層採集到的
有孔蟲殼中所含的氧-18
比例，就可以解讀出過去
的氣溫變化。

有孔蟲

0.05mm

多 ← 地層中^{18}O的比例 → 少

暖
寒
暖
寒
暖
寒
暖

寒 ← → 暖

地層的分界與年代

我們用時鐘、月曆區隔時間、日、週、月、年來生活。此外，在理解日本歷史時，也將各個時代命名為古墳時代、飛鳥時代、江戶時代等來整理。如此一般，我們也有為地球的歷史命名。

我們在劃分地球的歷史時，會使用到地層。地層中除了有化石外，還有冰河的擴大、縮小等氣候變化，以及顯示出當時各個時刻的大氣或海水狀態的資訊、地磁的資訊等。我們就是分析這些資訊來訂定地層的分界，決定出各個時代。

因為有如此的對應方式，我們也根據地球的歷史，不同的地質年代或是地層都有相對應的稱呼。比如說，比較大的時代劃分有古生代、中生代、新生代這些分類。在各個時代堆積而成的地層，則叫做古生界、中生界、新生界。而用來劃分這些代的則是紀。對應紀的地層則叫做系。在第四紀堆積出來的地層，就叫做第四系。紀再繼續劃分下去的話，就是世。對應世的地層，就是統。

由於地層記錄著地球環境的變化，所以可以在全世界中做比較。目前全球的研究員正互相合作進行研究、收集資訊、訂定地層的分界，製作地球整體的月曆。雖然地質時代的分界是基於科學性的資訊判斷出來的，但因為是由人類判斷，所以分界並非絕對性，而是會依研究員當時的判斷而變化。

現在仍在進行關於距今77萬年前的地質時代的轉變期（地層的分界）的討論，之後也許會以千葉縣的地層為基礎下定義也說不定。如同我在下一頁所說明的，地層多以歐洲的地名來命名，這次有可能會以日本的地名命名。若決定以千葉縣的地層來訂定分界，那麼從77萬年到12.6萬年前的時代名稱，將會是Chibanian（千葉期）。

▶ 用各式各樣的紀錄決定地層分界

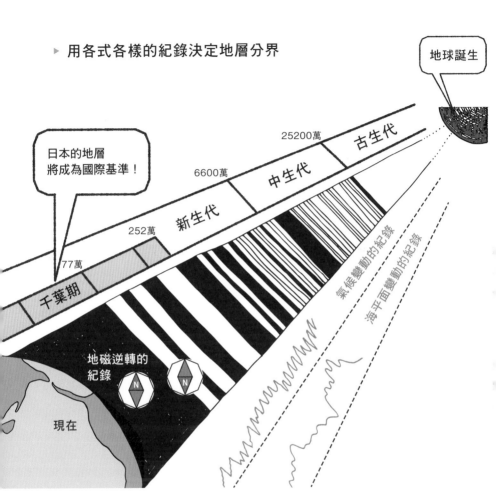

地球誕生

日本的地層
將成為國際基準！

25200萬

古生代

6600萬

中生代

252萬

新生代

77萬

千葉期

氣候變動的紀錄

海平面變動的紀錄

地磁逆轉的
紀錄

現在

以地層區分出
地球的歷史

　　試著看地球的歷史，就會發現過去曾有各式各樣的生物繁榮，只是後來滅絕了。這些歷史都以化石的形式記錄在地層中，因此，地球的歷史是依據產出的化石種類來劃分的。我們稱劃分出來的時代為地質年代。地層就是對應此種區分命名的。

　　從化石了解到的地球歷史，大致劃分為3個時代。有古老生物存在的是古生代，接下來是中生代，然後包括現代的時代為新生代。

　　古生代時，出現了各式各樣的生物，魚類或植物、昆蟲、兩棲類等相當繁盛。古生代還有再被劃分為寒武紀、奧陶紀、志留紀、泥盆紀、石炭紀、二疊紀這些時代。在這個部分，無論哪個時代都取名為「紀」，這是表示比代更小的時代劃分。石炭紀是在世界各地都有出產的煤炭形成的時代。除了這個之外的名稱，都是以發現地層的地方的地名來命名的。

　　中生代是恐龍的時代，劃分為三疊紀、侏儸紀、白堊紀。三疊紀是因為那個時代的地層正好呈現三層構造，因此如此命名。白堊紀的名稱則取自在法國看到，白色的未固結石灰岩地層。侏儸紀則是地名。

　　新生代是恐龍滅絕、哺乳類繁盛的時代。劃分為古近紀、新近紀、第三紀與第四紀。第三紀與第四紀是一開始為地層命名時，大致將地層劃分為第一紀、第二紀、第三紀時殘留下來的名稱。第一紀與第二紀由於重新劃分後，更加細分時代的劃分，因此這兩者的名稱就沒有留下來，但第三紀至今都還留著。現在國際上仍在重新劃分第三紀。

　　因為古生代以前的生物沒有留下化石，所以不能像這樣依據化石來區分。由於是在古生物最一開始的時代寒武紀之前，因此稱為前寒武紀。

　　雖然一般認為地球的歷史是46億年。留有化石的古生代，是從5.4億年前開始的。地球在生物誕生前的歷史有約40億年，誕生後則有約5億年，幾乎沒有生物存在的時代壓倒性的長。

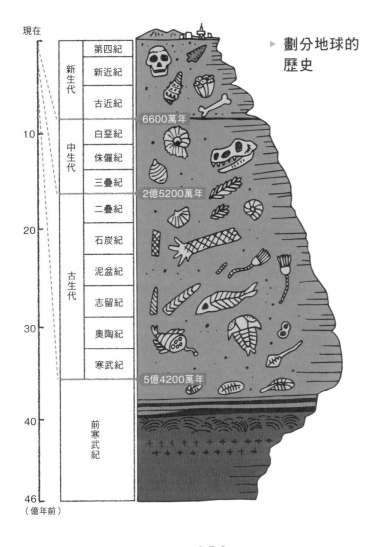

現在

新生代
- 第四紀
- 新近紀
- 古近紀

6600萬年

中生代
- 白堊紀
- 侏儸紀
- 三疊紀

2億5200萬年

古生代
- 二疊紀
- 石炭紀
- 泥盆紀
- 志留紀
- 奧陶紀
- 寒武紀

5億4200萬年

前寒武紀

10
20
30
40
46
（億年前）

▶ 劃分地球的
歷史

32

地層的
命名方式

　　就跟動物或植物的種子有名稱一樣，地層也有名稱。但是，各個地層所提供的資訊都是片斷性的，我們並無法得知所有地層的來歷。而且，地層並不像動植物一樣有明確的個體，因此很難為所有的地層命名。

　　在幾乎沒有任何資訊的時候，就會以形成地層的物質名來稱呼。利用與已經知道形成年代的地層的前後關係，或是各種探測年代的手法了解地層的時代後，就會以該地層形成的時代名稱稱呼。此外，在進行詳盡的地質調查，明瞭性質相近的地層分布場所後，就會以一開始進行研究的地點地名稱呼。

　　比如，占據九州山地、四國山地、紀伊山地、赤石山脈之主要部分的岩石為砂岩或泥岩、燧石等，這些岩層統稱為四萬十帶。會這麼稱呼，是因為這是在四國的四萬十川中，第一次有學術性紀錄的地層。像這樣當作該地質標準的地點叫做標準地點。視為日本大型地質群的領家帶、三波川帶、秩父帶等稱呼，都是取自地名。

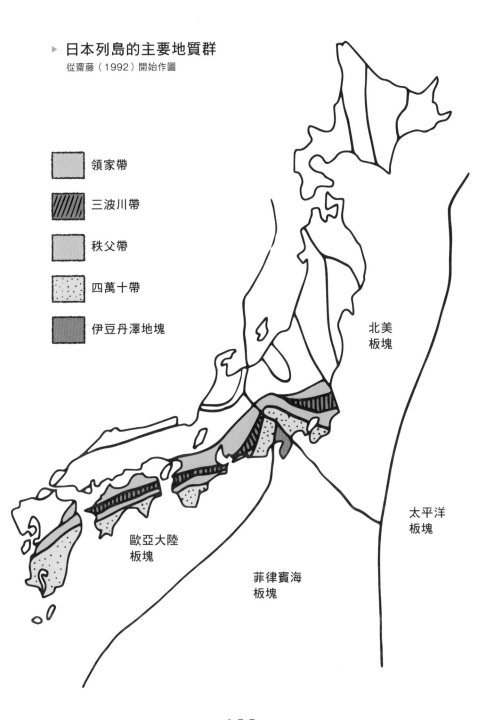

▶ 日本列島的主要地質群
從齋藤（1992）開始作圖

領家帶

三波川帶

秩父帶

四萬十帶

伊豆丹澤地塊

北美
板塊

太平洋
板塊

歐亞大陸
板塊

菲律賓海
板塊

現在的地球（全新世）

　　現在在地球的歷史中相當於冰河時期。冰河時期中有溫暖的時期和寒冷的時期，現在正處於溫暖的時期。我們稱包括現在這段溫暖的時期為全新世。這個時期始於約1萬年前。在那之前的寒冷時期、也就是冰期便是在這時候結束的。由於是冰期之後，又叫做後冰期。

　　在全新世時，冰河、冰床融解，海平面逐漸上升。海水流進河川最下游部分的谷底，形成淺海，從上游運來的沙土沉積於此，接著此處就會變成低地，形成新的陸地。流過此處的河川經常氾濫，慢慢塑造出新的地層。在平原中最低窪的低地就是於全新世形成的地形。這種地層很柔軟，據說在地震時的震度會比其他地層大上一級。

　　全新世這個時期雖然是地球歷史中的劃分，但這種氣候的變動，對人類的活動有很大的影響。日本的舊石器時代在1萬6000年前結束，進入繩文時代草創期。一般認為這是因為到了全新世之前的更新世末期時，由於逐漸暖化且自然環境產生變化，生活模式也隨之改變。

　　人類是從全新世開始改變大地的形態。在繩文時代時，貝類加工相當興盛，各地都有發現貝塚的遺跡。在現代，會用沙土等掩埋海岸部分，建造填海地，有許多人便是在這樣的地方生活。

▶ 人類活動與新的地層

貝塚

人工建造的填海地

34

人類的時代（第四紀）

在前一頁說明過的全新世之前的時期，叫做更新世。更新世是寒冷的冰期與溫暖的間冰期不斷交替的時期，其週期約為10萬年。包括全新世與更新世兩者的時代叫做第四紀，是距今258萬年前到現在的時代。

第四紀的特徵就是地球整體有氣候寒化的現象。整個第四紀可以說是冰河時期。這個冰河時期並非一直都很寒冷，而是冰期與間冰期持續交替的時期。冰期時冰河、冰床會擴大，間冰期時則會縮小。人類就在這樣的氣候變動中進化，擴大生活的範圍。

▶ 曾活在冰河時期的人類

南方古猿

巧人

第四紀的特徵就是人屬（Homo）的出現。當初認為第四紀這個劃分是人屬進化的時期，因此又叫做人類紀。之後，就用動植物的化石或古地磁、火山灰等定義第四季的開始。

日本列島的地形也是在第四紀形成的。到了第四紀，山地開始隆起。並非氣候變動影響山地隆起，而是因為板塊運動方式的變化，使地殼變動活絡起來。山地一隆起，沙土就沉積在其周遭，形成廣闊的平原。原先比較平坦的地形，變成了有山地與平原、充滿起伏的地形。山地海拔較高的地方，在冰期時則會有冰河地形形成。就像這樣，日本地形的多樣性在第四紀時越變越高。

35

生物的大量滅絕

　　地質年代是依據從地層出土的化石來劃分的。一調查地層，就會發現有些地方的化石有很大的不同，那就代表當時的地球環境有很大的改變，連帶影響生物相也起了變化。生物相產生很大的改變，就表示當時曾繁盛的生物滅絕，換成不同的生物繁榮起來。導致曾繁盛的生物滅絕的大事件，是什麼樣的事件呢？

　　生物大量滅絕的事件之一，就是中生代末期的恐龍滅絕。這個時期之後就進入了新生代。恐龍是在三疊紀由爬蟲類進化而成的。之後，恐龍就在侏儸紀與白堊紀繁榮。雖然地球曾經是恐龍星球，但是巨變永遠都不可

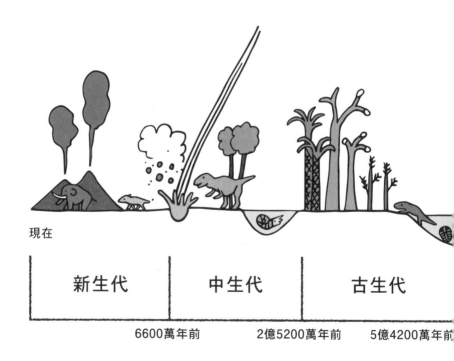

現在

新生代	中生代	古生代

6600萬年前　　　　2億5200萬年前　　　5億4200萬年前

預測。巨大的隕石降落在墨西哥的猶加敦半島附近，地球環境因此產生劇烈的變化，引起生物的大量滅絕。該隕石撞擊的痕跡直徑有10km之長。隕石的降落捲起大量塵土，導致照射到地表的太陽光線減少，植物發育不良，食物鏈因此崩壞而招致大量滅絕。

　　古生代末期也曾發生過生物大量滅絕事件。棲息在海中的菊石和紡錘蟲、珊瑚、陸地上的昆蟲等大量消失。一般認為這場大滅絕的起因是巨型火山爆發或巨大隕石墜落。生物大量滅絕一發生，在殘存的生物中，如果有能適應新環境的就會從此繁盛起來，生態系也因此產生改變。

地球誕生

▶ 從地球誕生
　到現在發生的事件

前寒武紀

46億年前

36

化石與地質的時代

人類世

　　我們為了追求富裕的生活而製造出許多東西，可同時，我們也製造了許多垃圾。比如說，以石油為原料製成的塑膠由於很輕巧，也很容易加工，因此用來做成各種製品。但是，大多數的塑膠製品使用過一次就被當成垃圾丟掉了，那些被丟掉的塑膠製品可能會被拿去燒掉，或是掩埋。即使拿去燒掉，燃燒後還是會留下殘渣，那些殘渣還是得拿去掩埋。這些垃圾在人類發明塑膠之前並不存在於地球上，但我們卻將地球46億年來的歷史中從未存在過的東西，作為地層的一部分留了下來。

　　破壞大樓等建築物時產生的混凝土塊也會被埋進地底下。此外，汽車排出來的廢氣中的微粒子，或是放射性的微粒子也會擴散至很廣的範圍，這些也會形成新的地層。

　　在人類發展工業、建立現代文明之前，人類所創造出來的東西有一大半在自然界的活動中會被分解，再循環回大自然中。但是到了現代，我們大量製造出無法回到自然循環中的東西，甚至還對自然循環造成影響。

　　最近有在提倡一種想法，認為這樣的現代在地球的歷史中是與之前完全不同的新時代。提倡這一點的，是因研究臭氧層破洞於1995年獲得諾貝爾化學獎的荷蘭科學家保羅・克魯岑。他認為全新世已經結束，人類的歷史進入了另一個時期，並將這個全新時期取名為人類世（Anthropocene）。雖然地球的歷史是在人力所不能及的壯大變動中累積而成的，但現代人類的活動或許已經重大到能與這樣的自然活動相提並論了吧。或許現代文明的本質就只是會一直製造出足以影響地球系統的廢棄物罷了。也可以說，人們接下來的生存方式也受到考驗。

▶ 人類所留下的地層是？

尋找化石的方法

　　由於化石是以前的生物凝固後，以地層的一部分被保存下來，所以並不是任何地方都可以看到化石的蹤跡。地底下的岩漿凝固而成的花崗岩，或是火山爆發時形成的安山岩或玄武岩等火成岩裡就沒有化石。

　　因為當地層堆積時，那裡曾有生物存在，且很幸運地被保存時才會形成化石。生物在海洋或湖泊中死亡後，其屍骸會堆積在海或湖底。當沙子或泥土覆蓋生物的屍骸，將屍骸緊閉起來時，就會形成化石。砂岩或泥岩等沉積岩中時常發現化石。但是，由於生物的屍體若沒有保存下來就不會形成化石，因此，就算是泥岩或砂岩地層，也不一定隨處可見化石的蹤影。

　　日本隆起的速度很快，山崩也多，古老的地層陸續遭到切割，跟穩定的大陸比起來，較難留下古老時代的化石。

　　關於何處比較容易找到化石這個問題，由於已經在日本各地調查過，請參考市售的導覽書籍即可。此外，如果所在地區內有地球科學類的博物館的話，也可以向館內研究員諮詢看看。

Chapter 5

各式各樣的
地層

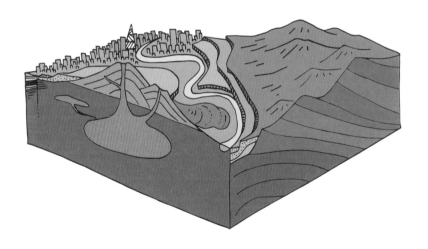

日本列島的地層

　　日本列島中有各式各樣的地層，這些地層的排列都有一定的規則性。劃分這些地層界線的是範圍綿長的斷層：構造線。想要確實理解日本列島的地質構造，首先必須要了解的是，將日本列島分隔為東西兩側的糸魚川－靜岡構造線，以及位處此線西側，明確劃分出南北兩側的中央構造線研究起。

　　從糸魚川－靜岡構造線往東側的部分叫做東北日本，西側則叫做西南日本。中央構造線將西南日本分為北側（大陸側）與南側（大洋側），北側叫做西南日本內帶，南側則叫做西南日本外帶。

　　觀察西南日本的地層，會發現它是東西向連續分布的。特別是外帶的部分，有沉積岩廣布其中。由於外帶的地質中沒有肉眼可見的大型化石，所以在以前並不明瞭外帶部分的堆積時代和機制。到了1960年代，能觀察1mm的1/1000單位 μm（微米）大小物體的電子顯微鏡普及，因此得以觀察到地層中所含的浮游生物的殼。雖說是浮游生物，但也有經過長時間的進化。依序追溯地層中所含的浮游生物的形態後，就能了解地層的形成順序。

　　這個地層的特徵，是明明沒有褶皺現象卻上下倒轉，且越古老的部分的分布範圍卻越上面。關於地層的形成方法，基本上是認為越古老的部分所在位置會越下面，這個地層卻違反了這個原則。

　　這個地層的排列，是因為堆積在海底的物質受海洋板塊的活動影響，陸續從海洋被擠壓至陸地而產生的。海洋板塊會沉進海溝中，但堆積在此處的熔岩、珊瑚礁、燧石、泥、沙等會接連被擠壓至以前時代的地層。這段過程不斷重複進行，新的地層也因此附加到舊時代地層的下方。如此形成的地層叫做增積岩體。日本列島的地層中，有許多部分都是像這樣由增積岩體組成的。

在西南日本內帶，這種增積岩體地質因為遭到侵蝕，殘留下的一部分中能看到位於下層的深成岩，也就是花崗岩。此外，東北日本中也有相同的增積岩體地質分布，可是因為火山多，火山爆發後的物質覆蓋其上，因此較難觀察。

▶ **形成日本列島的主要因素**

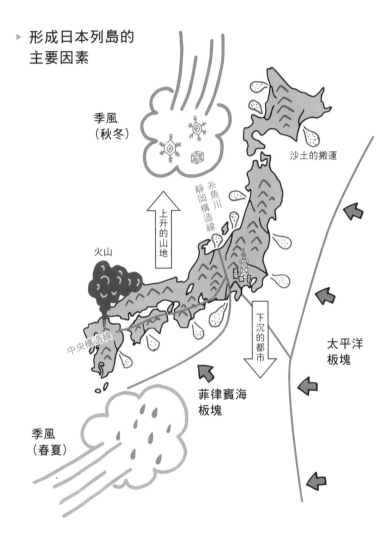

大陸的地層、
海底的地層、島嶼的地層

　　若要為地球表面做分類，可以分成由大陸與島嶼構成的陸地及海底。大陸是面積廣闊的陸地，有歐亞大陸、北美大陸、南美大陸、非洲大陸、澳洲大陸、南極大陸這六個大陸。另一方面，島嶼是面積狹小的陸地。這些大陸、海底、島嶼從地層方面來看，也有各自的特徵。

　　大陸不僅面積廣闊，地層的形成時期也非常古老。比如說，世界上最古老的地層大約是於40億年前形成，並在加拿大發現的。大陸地層的中

▶ **大陸與海底及島弧的關係**

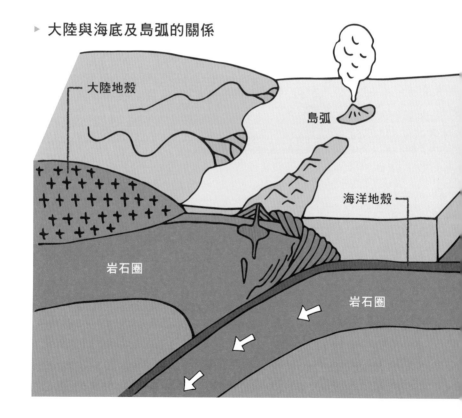

大陸地殼

島弧

海洋地殼

岩石圈

岩石圈

心部分主要由花崗岩質的岩石構成。其中大多數是在35億年～25億年前形成，之後就逐漸擴張。如此形成的大陸板塊，重複與其他大陸碰撞、結合的過程，變成了現在的形狀。有大陸的話，就代表海面上有陸地，在此會有激烈的風化與侵蝕作用發生。受到風化、侵蝕的地層會流出大陸邊緣，再度形成新的地層。在地球的歷史中，大陸的形成是相當重大的事件。

海底並沒有像大陸的地層這麼古老。就算是較古老的地層，也僅2億年左右而已。大洋的海底是由叫做海脊的海底火山日積月累拓展而成的。由於海脊就是海底火山，岩漿會接連不斷從深處冒出來，因此全新的海底是由玄武岩質的熔岩所構成。只不過距離海脊越遠的海底，上方會慢慢形成珊瑚礁，而堆積在海底的燧石，也構成了泥沙堆積的條件。海底地質的特徵，便是由構成珊瑚礁的石灰岩、燧石、砂岩、泥岩等物質所構成。

大陸周邊有許多島嶼。日本列島也是其中之一。海底的地層是被擠壓至大陸周邊形成的。而且由於激烈隆起，又遭到侵蝕，因此幾乎沒有古老地層殘留。同時，這裡因為還有火山爆發，因此有許多因爆發產生的堆積物。島嶼地層的特徵，就是該地層是在激烈的變動中形成的。

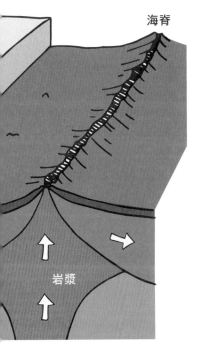

海脊

岩漿

粒級層理構造
與濁流岩

　　由於遠離海岸線的海水或湖水波動小，流進該處的泥沙會緩緩下沉。只不過，下沉的速度會受到顆粒大小的影響。在真空中扔下一大一小、重量不同的砝碼，它們落下的速度是相同的。如果是在空氣中扔下砝碼，雖然有空氣的阻力，但由於作用極小，因此可以無視阻力以同樣的速度落下。

　　但在水中就不同了，水有阻力與浮力作用，越是小的顆粒受到的影響就越強，阻力也越大。因此，較大的顆粒會先下沉，小的顆粒則較慢。在一個地層中，越往上方，顆粒越細，這種現象叫做粒級層理。在沉積岩中，如果找到這種粒級層理構造的話，就可以知道原來的地層中，哪一個位在上方。如果地層因為褶皺等而傾斜，導致無法判斷原本的上下方向時，只要觀看這種粒級層理構造就可以判定。

　　在大陸附近，從河川搬運過來的泥沙不斷重複沉積，這種岩石便叫濁流岩。在陸地上有洪水發生，或是海底有地震發生時，海底的傾斜面就會產生叫做濁流的水流，濁流岩就是濁流捲起海底的沙土又流下後沉積而成的。這種濁流岩的地層為砂泥岩互層，在各地的海岸皆可以看到。

▶ 粒級層理構造與濁流岩

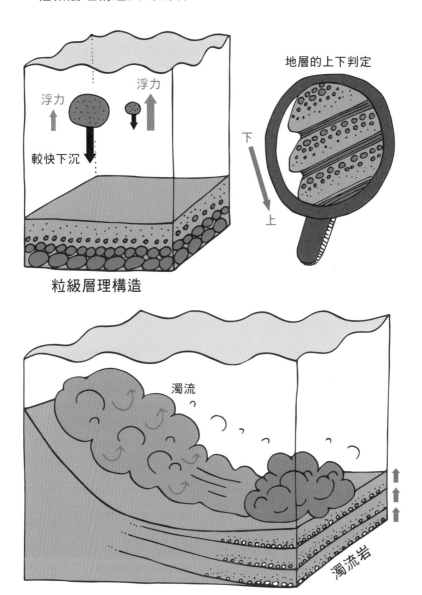

地層的上下判定

下

上

浮力

浮力

較快下沉

粒級層理構造

濁流

濁流岩

海嘯的地層

　　由於日本四周環海，時常遭受海嘯襲擊。海嘯不僅會在日本四周的海域發生，南美的智利也曾受到因地震而產生的海嘯危害。在日本周邊，有日本海溝與南海海槽這兩個大低陷處。這裡是板塊沉入的地方，也是地震經常發生的場所。在全世界發生的地震中，有一大半都是在像海溝等低陷處發生的。

　　我們可以使用地層來調查過去發生過的海嘯。由於海嘯是水活動的現象，所以沙土會伴隨海嘯移動。海嘯捲起的浪潮規模與一般海浪大不相同，在曾發生海嘯的地方的沉積物相當有其獨自特色。

▶ **平常的海浪與海嘯所及範圍的差異**

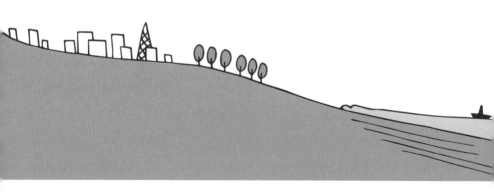

一遭受海嘯襲擊，連平常的海浪無法到達的地方都會有海中的沉積物堆積。在海岸附近的濕地通常會有從河川搬運來的沉積物，或是生長於該地的植物遺骸堆積。在海嘯發生時，海洋的沉積物會覆蓋過原有的沉積物，因此很好鑑別。藉由調查沉積物的年代，就可以知道海嘯是什麼時候來的。此外，只要調查沉積物的擴展範圍，也可以推測出海嘯的規模。只要將調查結果與現在的海嘯規模及沉積物的分布做比較的話，就可以估算出過去曾發生過的地震的規模，以及發生的頻率。

現今世界各國都沿用海嘯的日文原名，英語也以tsunami表示。因海嘯形成的沉積物則叫做tsunamiite（海嘯沉積物）。

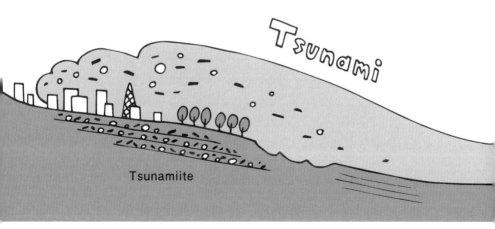

結凍的地層

在寒冷的地域中，由於土壤或岩屑層中所含的水結凍，因而塑造出獨特的地形或地層紋路。因為在冰河發達的地域，這種現象常見於冰體所在的地方周邊，所以我們稱這種獨特的地形或地層形成的現象為冰緣地形。但此種地形也不一定要在冰河周邊才能形成。像現代的日本並不存在冰河，卻也有冰緣地形。

構造土便是因冰緣地形形成的地形之一。地表會有六角形的紋路，或是條紋狀的紋路出現。這是由於地面不斷重複結凍與融化的過程，篩選泥沙，因而形成了獨特的紋路。可以在日本中部山岳地域的高山帶或是東北、北海道地區觀察到這種地形。

永久凍土這種現象也是因地層結凍而形成的。在冰點以下的狀態中，持續兩年以上結凍狀態的地層，就可以稱作永久凍土。永久凍土以北極為中心，占了相當廣闊的範圍。人類也曾在永久凍土中發現被冰封的長毛象。在日本，北海道的大雪山、富士山、富山縣的立山都可以確認永久凍土的存在。

如果氣溫在 $-5°C$，就會形成連續性的永久凍土。因為永久凍土形成，地面就會有裂縫，這些裂縫會由地層記錄下來。之後，即使該地的氣候暖化，仍會留下裂縫的形狀。因此，藉由詳細調查曾形成的裂縫的分布狀況，以及該地層的年代，就可以了解以前的氣溫分布。

▷ 構造土的形成方式

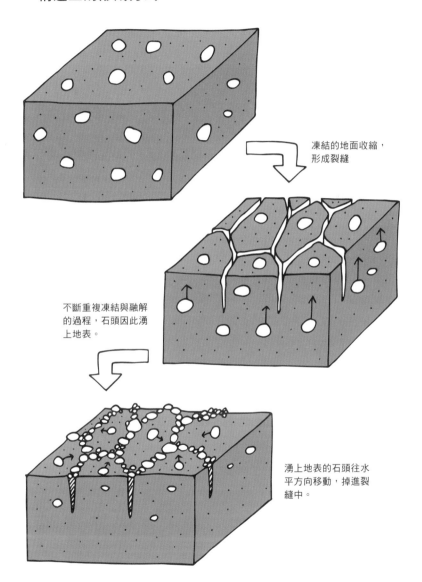

凍結的地面收縮，
形成裂縫

不斷重複凍結與融解
的過程，石頭因此湧
上地表。

湧上地表的石頭往水
平方向移動，掉進裂
縫中。

42

地層與湧泉、地下水

　　生物能誕生在地球上並繁盛到現在都是多虧了水。生命誕生自水，但人類無法飲用海水生存。想要活下去，就需要淡水。地球上有97.4%的水是海水，除此以外的2.6%為淡水。但是淡水的四分之三是冰河或冰床。因此，我們能利用的只有湖水、河水、地下水等，僅占了地球水源的0.6%。而那些能利用的水大部分都是地下水。因此，地下水對我們來說是非常珍貴的資源。

　　降落到地表的雨水滲進地層，通過地層分離了水中的雜質，變成了乾淨的地下水。但是近年來，由於掩埋廢棄物至地下或是隨意排放汙水等原因，地下水汙染越來越嚴重。

▶ 淡水的比例

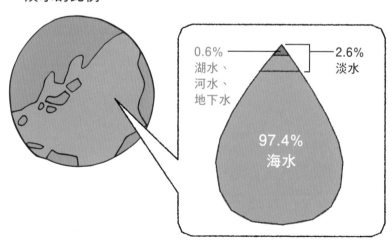

0.6%
湖水、
河水、
地下水

2.6%
淡水

97.4%
海水

地下水的存在深受地層排列的影響。較細的泥巴或黏土聚集而成的地層不太容易透水，如果其上方有沙子或石塊構成的地層，水就會流過那個地層。不容易透水的地層叫做不透水層，容易透水的地層則叫做透水層。

　　由於累積在不透水層與地表之間的地層的地下水，以及夾在不透水層與不透水層之間的地下水不同，我們便將前者稱為自由地下水，一挖井，地下水會聚集在地底的深處。後者則稱為受壓地下水。由於受壓地下水受到不透水層與不透水層之間的壓力，只要挖井時，挖到受壓地下水的深度，水就會噴出地上。這種井稱為自流井。

▷ 地下水湧出的地方

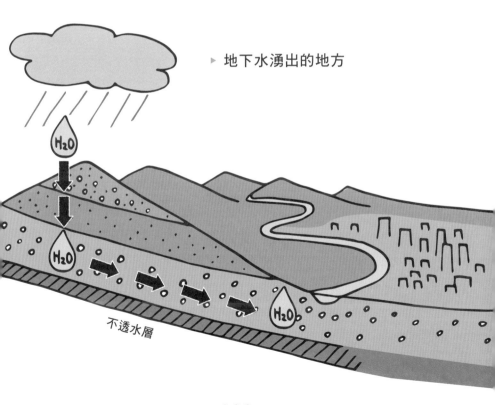

不透水層

43

平原的地層與
山地的地層

　　在日本列島中，地形的分類充分對應到地層的特徵。地形可以分類為隆起形成的山（隆起山地）、火山、丘陵地、階地、低地五種。

　　我們稱作山的地形，有隆起山地與火山。隆起山地是指原本在地下的地層隆起的地方。山的表面雖然有少許的土壤，但大部分都是底岩。底岩的種類則依所在地點不同。

▶ 山地、階地及平原

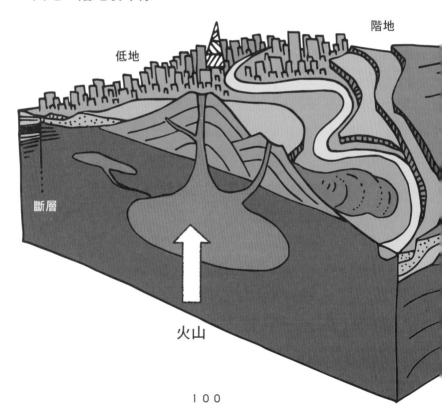

而另一種火山，山體上則有火山岩分布其中。火山岩原本是地底下的岩漿。然後，在火山的周遭，則有隨著爆發噴發出來的火山灰或火山碎屑流堆積。

　5種分類中的階地與低地位在平原。平原在第四紀時，是泥沙堆積的地方。流過山地的河川會深入底岩，使周遭山體的傾斜面變得不穩定，因而引起山崩，崩塌後的沙土則由河川搬運，再堆積成平原。平原的地層柔軟，以作為建築物的基盤來說是相當脆弱的。日本的大都市就建立在這種地形上。

　在隆起的山地與下沉的平原之間，有地層的錯動，也就是活斷層。活斷層就是地震反覆發生的地方。此外，由於山地隆起後，山腳下的原野會被河川侵蝕，長期下來會變得越來越不穩定，進而引發地滑、山崩。因地滑與山崩產生的沙土在河川氾濫時，就會沉積在平原上。

　在變動劇烈的日本列島，地形與地質，還有沙土的活動都互相呼應。這種沙土的活動對我們而言，就是自然災害。

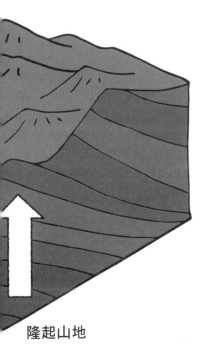

隆起山地

寶石的世界

　　寶石並不存在於自然科學的分類中。只要多數人認可該種石頭美麗又有價值，那石頭就是寶石。大多數的寶石為礦物，但也有像珍珠或珊瑚等起源於生物的寶石。

　　鑽石是最有名的寶石。光看鑽石化學式的話，其所含的是碳元素這種極為常見的元素。但是，鑽石是最硬的天然物質，它的價值也眾所皆知。那麼，鑽石是怎麼形成的呢？鑽石是與角礫雲母橄欖岩、榴輝岩、鉀鎂煌斑岩這些岩石一起出產的。這些岩石是在地下100km以上的深處，處於高溫高壓的條件下形成的。由於是在非常深的地方形成的岩石，因此相當堅硬。澳洲、南非共和國、俄羅斯等有古老時代地層出現的大陸各國，都是具代表性的鑽石產地。至於日本的產量，還不到可以發展出鑽石產業的規模。

　　水晶是石英（SiO_2）的大型結晶。氧與矽是地殼中含量最多的元素。因此，隨處都可以看到水晶。在以前，由於水晶是在歐洲的阿爾卑斯山脈中發現的，因此當時認為，水晶是冰變得更加堅硬而形成的。但是，水晶實際上卻是熱水流過、使矽溶解並穿過底岩的裂縫，在某處由於溫度與壓力下降，使結晶成長而成的。

Chapter 6

地層的使用

作為石材使用

　　岩石的顏色不但美麗，還有迷人的花紋，同時也十分堅固，因此常用來建造建築物的外觀、內部裝潢、道路和橋等。最隨處可見的是大理石。由於大理石是由石灰岩所構成，因此在大理石中可以找到珊瑚或菊石的化石。大理石也時常用來建造百貨公司或飯店的玄關口等。

　　花崗岩也是時常用來當作石材的岩石。花崗岩的紋路就像芝麻鹽飯糰一樣，經常用來製造建築物的外觀或墓碑。此外，也會用在道路或是樓梯的鋪路石上。

　　屬於火山岩的安山岩在地面上冷卻收縮時，就會形成板狀的裂痕。由於可以沿著裂痕切割成薄片，所以也會用來當作石材。長野縣諏訪市出產的安山岩叫作鐵平石，會用於內部及外觀裝潢。特別是從江戶時代到明治時代為止，曾用來建造屋頂。

　　石灰華這種岩石也時常用在內部裝潢中。那是一種有或紅或白的紋路，還有許多空洞的岩石。因為是石灰岩暫時溶解後再度形成的，在凝固時就會形成孔隙。古羅馬人利用石灰華建造了許多建築物。位於羅馬的羅馬競技場有一大部分就是由這種石灰華建造而成的。

　　顏色呈綠色、紋路獨特的蛇紋岩也經常當作石材使用。由於它的紋路就像蛇一般，因此如此取名。

　　在關東地區，會使用大谷石來建造圍繞住屋的圍牆或石造倉庫。大谷石是栃木縣宇都宮市出產的凝灰岩。由於質地柔軟，會先雕刻後再使用。另一方面，因為容易風化，表面多有剝落。

　　在歐洲，會用板岩（slate）來建造屋頂。由於板岩是泥岩變成的，能漂亮地切割成同樣的厚度，所以會用來製成屋瓦。

▶ 在街道中使用到的石材

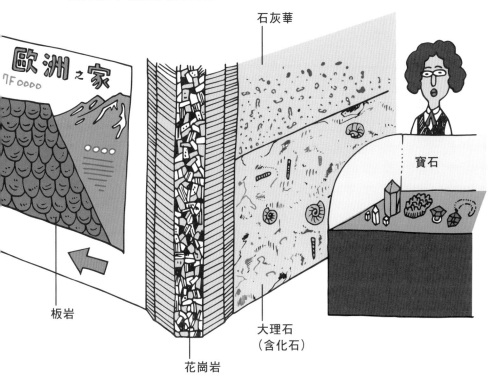

石灰華

寶石

板岩

花崗岩

大理石
（含化石）

45

作為地下資源使用的
地層

在我們的生產活動中，將可以從自然中獲得的原料稱為資源。這些資源主要分為動物或植物等生物資源，以及地層等地下資源。

比如說，我們身上所穿的衣服其原料除了棉花、羊毛和毛皮外，大多為石油製的合成纖維。汽車的車體是由鐵與塑膠製成，燃料則是以石油為原料的汽油。電腦和電視等電子儀器、電化產品中，則含有塑膠和各式各樣的金屬。金屬以地下採掘出來的礦石經加工後再使用而成。可以說人類就是不斷地挖掘地層以建立現代文明。

在現代社會中，最重要的地下資源就是原油。原油是操作汽車或飛機等各式各樣機械的燃料。原油僅分布在西亞各國，採集範圍相當有限，這是因為原油都是在沉積岩分布區域這種構造特殊的地方挖掘出來的。

不只是原油，我們作為燃料資源使用的地下資源經常是分布不均。曾為日本主要燃料資源的煤炭，都是從九州或北海道等地採掘出來的。煤炭的分布取決於地層的成因，資源的分布就是要看地層的成因為何。

跟能源一樣，我們日常生活中還有一種非常需要的地下資源，那就是混凝土。混凝土是混合以石灰岩為原料的水泥，以及稱為骨材的泥沙而成。在以前，是把河灘的石塊作為骨材的原料使用。現在則是使用敲碎山地的底岩後得到的石塊。

地下資源是地球46億年來的歷史產物。人類一直以來，以數百年後就將這些積蓄用盡的速度揮霍，再這樣下去，現代文明總有一天會走向毀滅。有鑑於此，替下一個世代想出適切使用地下資源的方法已迫在眉睫。

▶ 油田與石油製品

天然氣

含原油的地層

有蓋子功能的地層

身邊的石油製品

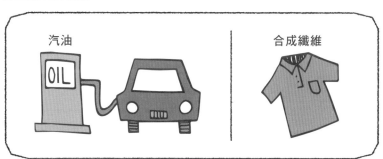

汽油

合成纖維

OIL

可以食用的地層

　　地層中，也有用來食用的部分，那就是叫做岩鹽的物質。鹽是人類生存時不可或缺的東西。在物資流通不方便的時代，對住在離海洋遠的地方的人來說，從地底下產出的鹽是相當珍貴的。雖然日本沒有出產岩鹽，但在海外，像是美國、德國、義大利等歐洲各國皆有出產。岩鹽除了用來食用外，也是製作冬天的融雪劑，或是氯、鹽酸、苛性鈉（氫氧化鈉）等各式化學工業製品的原料。

　　岩鹽是海水因地殼變動被封閉在陸地上，水分蒸發後在地下深處受壓形成的產物。據說需要花上數千萬年到數億年的時間才能完成。一般的岩鹽為白色或淡粉紅色，但根據內含的成分不同，也有紅色或黃色的種類。岩鹽大多呈穹頂狀，這是因為岩鹽的密度比周圍的地層低，相較起來較輕巧，因此會往地表方向上升。

　　位於波蘭的克拉科夫附近的維利奇卡鹽礦，從中世紀（13世紀）到現代都有在開採岩鹽。鹽礦的坑道總長約為300km，在全盛時期支持了波蘭三分之一的收入。虔誠的礦夫在岩鹽上雕出了禮拜堂等各式各樣的雕刻，因為曾是岩鹽產地且留下了在此勞動的人們的文化，聯合國因此將此處列入世界文化遺產。

▶ 鹽地層的形成方式

水分蒸發

隔離海水

鹽濃集

隆起

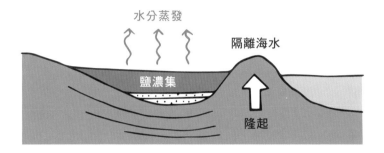

因為地殼變動
鹽被封閉住了

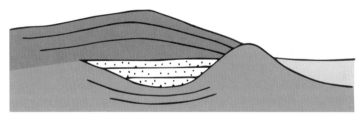

在地底下受到壓力影響
變成岩鹽地層

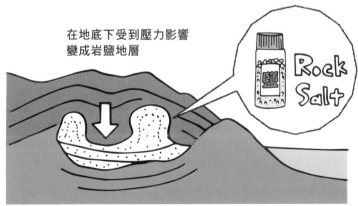

地質的災害與恩惠

　　日本列島在全世界當中算是自然環境變化特別劇烈的地區。這是因為日本是受到板塊活動強烈影響的地區，而且多雨的天氣也讓沙土移動更加活絡。受到板塊活動的影響，日本列島很常發生地震。此外，火山的活動也很活絡，我們稱這種地方為變動帶。

　　多雨也是日本列島的自然環境特徵。只要下雨就會引發山崩，造成土石流。河川的水位則會因此上漲、氾濫。在變動帶中，有時會稱日本列島的自然環境為濕潤變動帶，有降雨降雪多的地區的意思。

　　大多數的自然災害都與地層的形成有關。換個方式解釋，也就是地層的形成過程中，大多會伴隨著災害的發生。這種自然災害，也可以說是地質災害。

　　下大雨時河川的水位會上升，平原地區的河川有時會氾濫。這時候，就會形成新的平原地層。由於在河川氾濫後，水流會四處擴散，形成水深極淺的水流。當水流減弱了，泥沙就會與水一起堆積下來。特別是河道附近會有沙子堆積，其外側則有泥巴堆積。雖然河川一氾濫，住宅地就會受到很大的損害，但正是因為過去重複了好幾次這樣的過程，我們生活的場所：平原才得以形成。自然環境的變動對我們而言既是會造成危害的自然災害，可同時也造就了生活、生產的場所。

　　雖然當火山爆發時會帶來許多災害，但在平穩期時，卻是地熱的供給來源，為我們帶來恩澤。有溫泉湧出且景色壯觀的火山周邊地區會變成一大觀光勝地。也有的地區會進行地熱發電。人類就是在自然引起的災害與恩惠中生存的。

▶ 災害（風險）與其恩惠

火山灰

溫泉

河川氾濫

火山

溫泉

生活時所需要的平坦土地

111

市區地層的災害

在都市地區有地層下陷這種災害。這是支撐建築物的地基下沉的現象。由於建築物是以地面不會移動為前提建造的，因此地面下陷會是個很大的問題。

地層下陷主要發生在全新世的柔軟地層（全新統）沉積的地方，在地震時就會大規模地發生。

低地的地層，是由因河川或海洋的作用沉積下來的泥與沙構成。此種地層並不夠緊實，顆粒與顆粒之間有許多縫隙。地下水會滲透進這些縫隙。在如此狀態下的地層因地震而受到搖晃後，顆粒之間的密合處就會一瞬間鬆脫，於是就變成了沙粒漂浮在地下水中的狀態。由於此狀態整體上是液體，不具備支撐建在其上的建築物的強度，建築物就會因此倒塌。

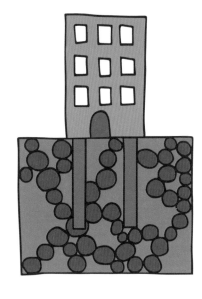

1 沙粒間彼此密合

▶ 因液化造成的
地層下陷

當搖晃平息後，顆粒就會再度重疊、堆積。這個時候的顆粒比起之前的重疊狀況會為了填補空隙而更為緊密，因此原本在縫隙中的水就會被擠壓出來，當被擠壓出來的水與沙子融為一體朝地表噴出時，就會引發所謂的噴砂現象。填補沙粒與沙粒間的空隙，就意味著路地表面會下沉。地層下陷這種現象就是這樣發生的。

　　高樓大廈等會將鋼筋埋進地下深處的堅硬地層來當作建築物的基底。因此，當靠近地表的地層萎縮後，建築物也會變得比地面高。這種現象叫做建築物的上浮現象。

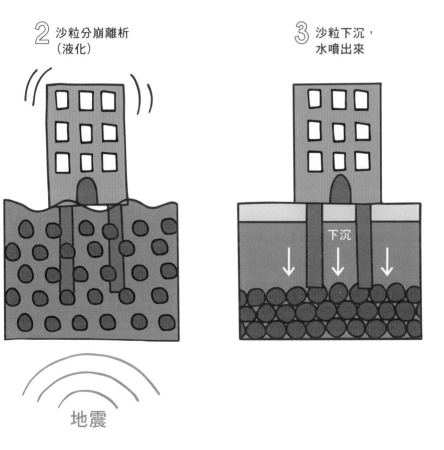

2 沙粒分崩離析
（液化）

3 沙粒下沉，
水噴出來

下沉

地震

地層或地形的
保存與活用

　　地層或地形記錄著地球悠久歷史中所發生的大小事情。在過去，生物以各式各樣的形態進化，因隕石撞擊造成生物大量滅絕，或是在寒冷的時代曾有比現在大好幾倍的冰河、冰床等資訊都是藉由分析地層或地形所了解到的。地質學或地形學正是因為有地層、地形留下，才得以調查、研究。

　　我們有時會用「地球的記憶」一詞，來表現像這樣記錄在地層或地形中的地球歷史。由於地球並不是生物，記憶是一種比喻性的表現，是基於「對地球來說，這樣的紀錄很重要，我們一起來保存它吧」的意思而稱之。

　　比如說，露頭是觀察地層的關鍵，但常常因為被混凝土覆蓋，或是因植物覆蓋而不適合觀察。我們能從露頭得到許多資訊，如果隨時能在良好的狀態下觀察是最好的，但要維持露頭的原貌是很難的。如果只將露頭用在研究目的上的話，其保全會很困難，倘若也運用在教育或觀光上，就會有許多人參與露頭的保存，露頭也就能維持在容易觀察的狀態了。最近為了保全地層與地形，各地都在進行地層與地形的活用。

　　除了像這樣社會性的計畫之外，保存地層本身的方法也不斷進步。那是針對土壤或是沉積於第四紀的柔軟地層的保存方法：剝取標本。剝取標本的過程就是先塑型露頭後，在露頭表面塗上糨糊，再將布覆蓋上去，等糨糊乾了，地層就會轉印在布上。用此方法製作出來的標本，會由博物館或學校等單位保管。

▶ 地層的剝取標本

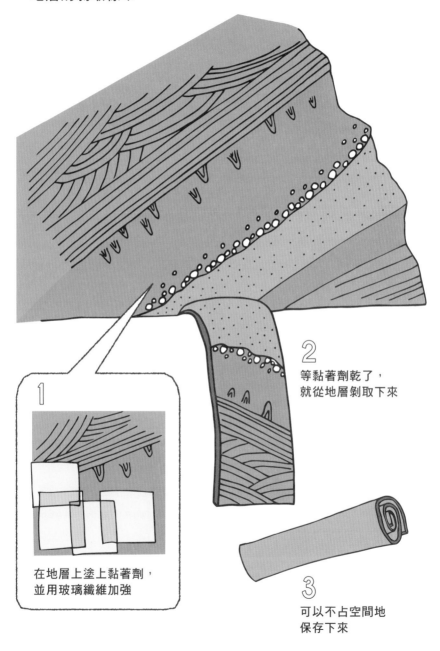

1
在地層上塗上黏著劑，
並用玻璃纖維加強

2
等黏著劑乾了，
就從地層剝取下來

3
可以不占空間地
保存下來

50

地層的使用與
可以永續的社會

　　人類至今為止，經歷過好幾次巨大的社會變化。一個是開始農耕、畜牧的新石器時代的農業革命。一般認為人類自此革命起開始定居，生活也開始社會化。另一個是經過18世紀的農業生產的提升之後，迎來的18～19世紀的工業革命。因為工業革命，人類開始發展利用地下資源的工業化，人口也因此急遽增加。

　　工業革命可以說是大大改變人類與地層關係的關鍵。工業革命前的動力除了人力外，還有以水車或風車等自然能源產生的動力，或是牛、馬等動物的力量。這些能源都深受當時的天候與自然活動的影響。比如說，就算想讓牛或馬多多工作，也必須要餵牠們吃草才行。草需要太陽的能量、土壤、水才能生長，所以就算再怎麼想使用，也不可能快速地增加它的數量。但是，在工業革命之後的動力來源，是藉由挖掘地底下的煤炭並拿去燃燒，利用水蒸氣轉動渦輪來取得動力。由於煤炭是地球長時間累積下來的資源，數量龐大，只要提高採掘量，並增加機械的使用率，其作用就能成長至10倍，甚至是100倍。

　　雖然之後轉為使用石油作為能量資源，但使用因地球活動所儲存下來的能量來發展產業的構造並沒有改變。

　　此種方法有一個很大的問題，那就是無論是煤炭還是石油，都是經過很長一段時間才能形成的資源，因此數量是有限的。如果以現在的速度持續使用的話，總有一天會枯竭。此外，我們為了特定的目的，從地下深處挖出地表上幾乎沒有的東西。由於使用後的處理並不完善，因此造成了公害。像這樣仰賴地下資源的產業發展方式，從長期看來，對人類來說並不算是最好的方法。人類為了打造永續經營的社會，一定要創造全新的社會結構才行。

▶ 人類活動所需要的能源

工業革命
大型地下資源（石油／煤炭）

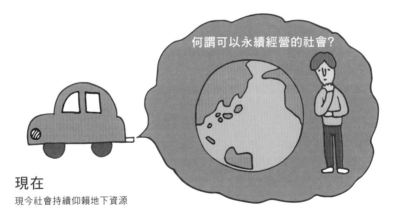

何謂可以永續經營的社會？

現在
現今社會持續仰賴地下資源

國家公園、自然紀念物、世界遺產、地質公園

　　如今我們的社會有幾種為了保護景色壯闊的地形或是科學價值高的地層而制定出的制度。

　　其中一種是國家公園。1872年，美國指定黃石國家公園為世界第一個國家公園。日本也從1934年起，指定出各地的國家公園。

　　自然紀念物是保護科學價值高的物質的制度。日本在1919年制定了史蹟名勝自然紀念物保存法，將各地有價值的岩石、礦物、化石、地層等陸續指定為自然紀念物。

　　世界遺產是保護有世界性價值的自然環境的制度。日本於1992年批准此條約，以自然遺產的名義將知床、白神山地、小笠原諸島、屋久島列入世界遺產（2018年4月資料）。

　　進行世界遺產認證的聯合國教科文組織（UNESCO）也正在進行保護、保全有地球科學價值的地質或地形，並活用之的計畫。那個計畫就是地質公園。日本現在有8座聯合國教科文組織認定的世界地質公園。此外，按照此制度在日本國內制定的地質公園也有35座（不包括聯合國教科文組織地質公園）。在這些地區中有進行保育地區的地層或地形的活動，也有舉辦能學習該地區的地球科學特徵的地質旅遊行程。

Chapter 7

地層的
調查方法

在參觀、調查地層時需注意的事

如果想要加深對地層的理解，觀看各種地層的實際樣貌是很重要的。但是在觀看時，也有幾個必須要注意的事項。

我們雖然可以在山地或河川、採石場、道路旁等地方觀察地層，但要十分注意安全。有很多地方是懸崖，上方可能會有石頭掉落。另外，可以參觀地層的地方基本上皆為某人所有地，不能擅自闖入。如果是私有地，就要取得土地所有人的許可，公有地則要獲得管理團體或組織的許可才能進入。尤其是採石場更需要小心。採石場是在充分安全管理下，進行採石作業的地方，我們不可以擅自進入，取而代之的是，我們可以從遠處用望遠鏡觀望，那也能達到相同目的。至於已經沒有在採石的場所，由於柵欄等設施並不完備，雖然可以輕易進入採石場的遺址，但這樣很危險，還是避免比較好。

即使突然跑去野外，也無法有效率地觀察地層。先調查哪裡有容易觀看地層的地方吧。地層很常出現在岩石海岸。想知道哪裡有岩石海岸，可以確認日本國土地理院（譯註：相當於台灣的經濟部中央地質調查所）所拍攝的航空照片。航空照片也有公開在國土地理院的官網上。在岩石海岸觀察地層時，注意選在大潮的日子，並在乾潮的時候去觀察為佳。網路上也有發布潮汐表以供調查各地的潮汐狀況，可以多加利用。

在山上觀察地層時，最容易觀看的地方是山谷旁。由於在山地中，有水流的溪流地區會把表面已經風化的底岩和土壤等清得一乾二淨，可以更清晰地觀察地層。因此，專家會走遍山中的山谷以進行地層調查。對沒有登山或走溪經驗的人來說，這種調查方式是相當危險的，請務必諮詢有經驗的人，依照指示進行觀察活動。

▶ 調查可以安全地觀察地層的地方

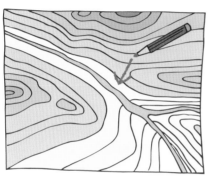

地形圖

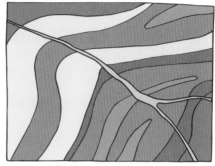

地質圖

| 山谷 | 採石場 | 海岸 |

52

地質圖的使用方法

　　只要看地質圖，就可以知道地層分布在哪裡，又是如何分布的。在日本，產業技術綜合研究所的地質調查綜合中心（原地質調查所），以及各個都道府縣等都有製作地質圖。若想知道各個地區地質的專業知識，就試著去取得地質圖看看吧。

　　地質圖可以顯示出當剝除地表上的植物、人工建造物和土壤後，底下有什麼樣的地質分布其中。由於地質圖是以二維空間的地圖表現分布在三維空間中的地質，因此並不能完全顯示出地底下全部的地層構造。但是，只要將地質剖面圖與地質圖標記在一起，就可以了解地底深處的構造。而且從與地形間的關係來看，還可以推測出地質在各個地方是如何分布的。

　　由於能在現場看到地層的露頭有限，我們能在實地調查中所了解到的地質資訊不過是片斷而已。要順利將這些片斷的資訊連結起來，就必須要去思考當地的地質是如何形成，設想各個地層的成因等過程才行。之所以會如此難處理，是因為在地層堆積後，有些地方的地層會留下來，有些地方的地層卻被切割掉了。因此，地層的紀錄大多只有留下一小部分。此外，原本近在咫尺的地層，也有可能會因為堆積後的斷層活動而移動。專家就是透過跑遍好幾處露頭，統整觀察的結果並進行各式各樣的分析以思考這樣複雜的構造。

　　地質調查綜合中心有將日本全國的地質圖以無接縫地質圖的形式發布在網站上。此外，各地的地質主要是以1/5萬比例尺的地質圖來表示。該地質圖也有附專業指南。只要讀了專業指南，就可以知道這份地質圖是透過什麼樣的實地資訊來解釋地質。

▶ 顯示分布在地表下的地質的地質圖

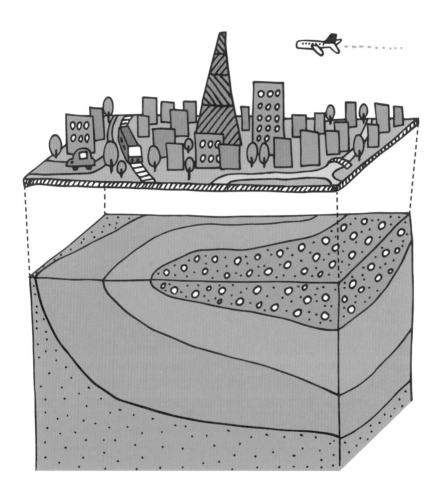

53

記錄地層的
方式

　　試著實地觀察地層後，就會發現每一種地層都有方向、紋路、顏色、裂痕等各式各樣的資訊，因此一開始會搞不清楚哪個資訊才是最重要。既然要瞭解地層，重點就是各個地層是如何形成的。為了知道這件事，就必須理解地層的範圍及堆疊方式。

　　想知道地層廣範圍分布的情形，就必須進行平面的調查。決定好要進行觀察的地區，就準備好國土地理院針對該地區所發行的1/2.5萬比例尺的地形圖吧。用影印機將地圖擴大至1/1萬比例尺大小，再帶到當地會比較方便。

　　首先將準備觀察的地方的露頭位置寫在地圖上。由於要觀察好幾處露頭，在各個地點上做記號，同時也要將日期與觀看順序記錄在上面較為便利。觀察結果就記錄在野外紀錄簿上吧。調查時要配合露頭的號碼，觀察地層的厚度、坡向、顏色、顆粒大小、產生裂痕的方式等。為了簡便地寫下觀察結果，就要用柱狀圖來表示。在畫柱狀圖時，要以記號或顏色來劃分地層的種類。

　　在調查地層的坡向時，要使用羅盤傾斜儀這個工具。也可以用指南針替代。調查地層顏色時，則要使用土色帖。將土色帖與實際地層做對照即可判定顏色。此外不光只有拍攝當地的照片，用素描的方式畫下當地的樣貌會更好。藉由詳細的實地觀察，就可以知道地層的分界在哪裡，還可以了解地層有什麼樣的特徵。

　　至於觀察到的詳細事項，就等回家後再整理吧。

　　由於懸崖地區有許多暗處，建議在拍照時使用三腳架。在攝影時，為了知道該地層的大小，可以把刻度寫進去。

▶ 觀察地層的裝備與要點

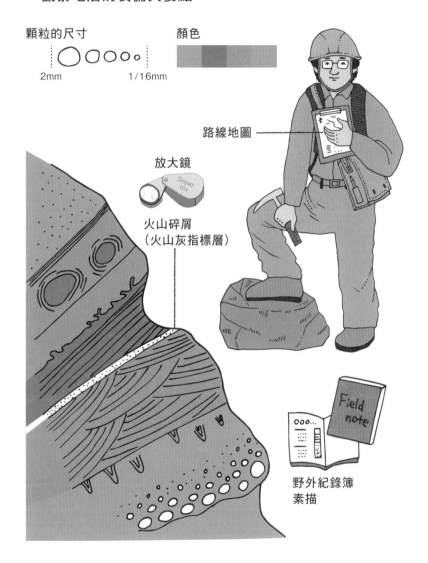

顆粒的尺寸

2mm　　1/16mm

顏色

路線地圖

放大鏡

火山碎屑
（火山灰指標層）

Field note

野外紀錄簿
素描

54

藉由挖洞來調查地層

　　在建造建築物時，會調查那裡的地層是否牢固。據說遇到地震時，堅硬的地層與較軟的地層感受到的震度會差1級。若只是要調查硬度的話，就會進行貫入試驗，把不銹鋼等材質的棒子打進地面，以檢測其容易插進去的程度。如果想要進行更加詳細的調查，就必須要試著實際挖掘看看。

　　在調查地層的堆疊狀況時，會採用鑽探調查這種方法。這是一種一面挖洞，一面採取地層的方式。挖掘至數十公尺的深度時會用機器進行作業，但若只是要從地表挖掘數公尺而已的情況，就會用人力進行。

　　調查地層的立體分布時，會採取槽溝開挖調查這種方法。比如說，想要調查該地層過去曾經歷過的地震，就會從地表的地形推測出活斷層通過的地方，並挖掘此處。接著便會調查地層是如何變形的，以及尋找能探測出年代的火山灰。藉由了解斷層的狀況後，就可以推測出更深處的斷層範圍。

　　中小學在建造校舍時，有時候會留下鑽探調查的樣本。如果試著詢問學校的老師，或許就有機會可以觀看學校的地底下有什麼樣的地層分布也說不定。

▶ 鑽探調查與槽溝開挖調查

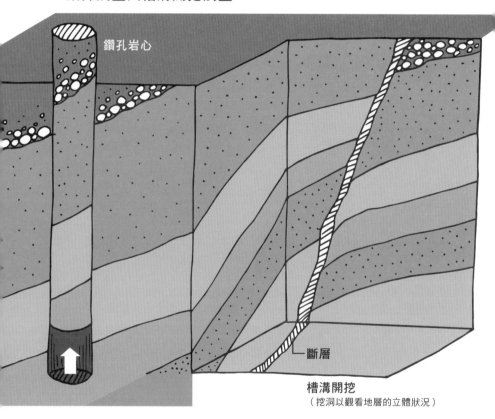

鑽孔岩心

斷層

槽溝開挖
（挖洞以觀看地層的立體狀況）

127

調查身邊的環境

　　閱讀完以上的章節，利用目前學到的知識試著調查身邊的環境吧。這裡就來為各位示範如何觀察河川周圍的地形或地層。河川周圍有些地方會有好幾層的樓梯狀地形，這種地形叫做河成階地，或是河岸階地。之前曾為河灘的平坦地形稱為階地面，周圍的陡峭懸崖則叫做階地崖。

　　使用地形圖或航空照片確認觀察的地區，看看階地面和階地崖是如何分布的吧。地圖的話，使用國土地理院發行的1/2.5萬的地形圖比較好。在地形圖中，會用間隔較窄的等高線來表現陡坡面，緩坡面則會以間隔較寬的等高線來表示。為了方便觀察，可以使用色鉛筆在地形圖中的階地面、階地崖上著色吧。同時使用相同地區的航空照片，在室內觀察地形。由於航空照片是為了方便重疊而連續拍攝出來的照片，只要同時使用2張照片，地形看起來就能很立體，可以藉此了解階地面的立體構造。

　　從地形圖解讀出來的懸崖部分中，時常會有露出地層露頭的狀況，我們就從露頭部分觀察地層的堆疊狀況吧。將露頭整體以素描方式畫下來，並將結果整理成柱狀圖。柱狀圖是將地層的顏色、顆粒大小、種類、厚度等資料詳細記錄下來的圖。在畫柱狀圖時，要忽略露頭的寬度。

　　走遍可能有露頭的地方來收集資料。由於大部分的露頭都被植物或土壤覆蓋，看不到地層，想要觀察就得從地形與地層的對應，以及看得見的地層之間的關係來推測出看不見的部分。如果有顯眼的火山灰層，就以此當作指標層，思考地層堆積方式的順序及形成的方法。由於在現場很難判斷火山灰的種類，帶回幾個將有可能會想調查的地層，在室內分析並確定地層的種類。

　　最後要做的，就是總結室內作業與實地觀察的結果，統整該地區的地形與地層的特徵。

▶ 調查自然環境的步驟

事前準備好
地形圖

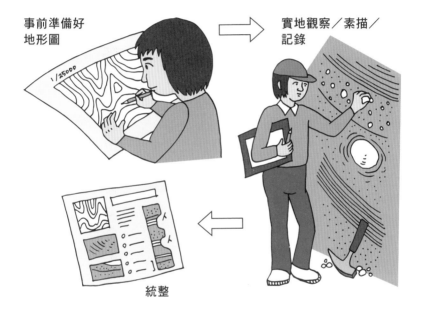

實地觀察／素描／
記錄

統整

調查看不見的
地底下的方法

　　我們無法輕易看透地底下有什麼，但是，對我們的生活有相當助益的石油、煤炭、鐵礦等各式各樣的資源都蘊藏在地下。此外，根據地層的柔軟度不同，地震發生時所造成的災害規模也不一樣。由於每個地點的地層分布方式也不盡相同，如果不調查各個區域有什麼樣的地層分布其中，我們就無法善用資源，或是進行災害預防。於是，專家們就想出了許多就算不直接挖掘地下，也能調查地層的方法。

　　我們去醫院看病時，醫生會輕敲我們的身體幫助診察。目的在於透過給身體振動，藉此觀察身體傳來的反應。有一種調查方法也跟此原理一樣，是藉由測量振動的傳遞方式來調查地球的內部，那就是地震。只要在世界各地調查發生在某處的地震，就可以了解地球內部是呈現什麼樣的構造。此外，如果想詳細調查小範圍的地層，就可以用人力製造人工地震，透過地震波在地底下各種地層與構造中的反射來調查。這種方法時常用於調查活斷層。即使不用像地震這樣的震動，也能用同樣的原理，使用電波等能發出各種頻率的物質來調查。這些調查統稱為物理探查。

　　目前也有進行從人工衛星拍攝到的畫面來調查地層的方法。由於是從遙遠的地方調查，這種方法又稱為遙測。因為日本的地質構造極為複雜，植物也很茂盛，所以不太會利用到遙測，但在廣闊的大陸或沙漠等地方這種方法就能派上用場。比如說，有鐵礦石分布的地層，會吸收某種波長的光。因此，藉由分析人工衛星所拍攝的廣域影像，就算不去現場，也可以調查何處有該種地層。而且，只要以該檔案為基礎前往實地調查的話，效率事半功倍。

▶ 物理探查的方法

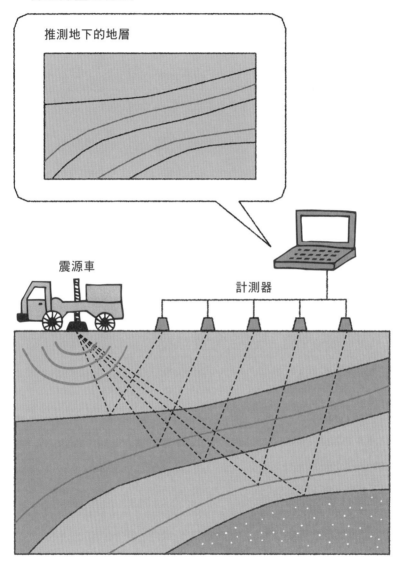

推測地下的地層

震源車

計測器

57

調查地層年代的方法

　　為了知道各個地區的地層是在什麼時候，又是如何形成的，我們必須要調查地層的年代。但是，調查地層的年代並沒有這麼容易。

　　在使用沉積物調查時，會利用在那個地層形成時一起堆積下來的東西來推算。用木材計算年代時，則會調查碳元素的同位素。碳元素中，有質子數稍微不同的同位素存在。質量不同的碳元素有複數個。我們會使用這種同位素來測量年代。

　　從前生長的樹木為了存活、呼吸，會在體內保持當時的碳元素的同位素比。但是當樹木被掩埋後，體內的碳元素會逐漸進行放射性衰變，同位素的數量會逐漸減少。所謂的放射性衰變，就是碳-14會因為原子核釋放出放射線以變化成別種原子核的現象，隨著時間經過轉變成氮-14，原本的量也會因此減少。由於這種減量方法有一定的速度，所以只要知道衰變的碳同位素的量的話，就可以知道植物埋進地層中過了多久時間。

　　在調查沉積岩的部分，由於有許多沉積岩地層中含有化石，那些化石就是調查的重點。生物即使分隔遙遠，只要形狀相同，就是棲息於同時代的生物。因此，只要詳細調查過某地的化石年代，即使在較遠的地方也可以知道當地地層的年代。

　　火成岩的話，就要使用岩石中含有的放射性礦物來推測出年代。此外，因為當熔岩變成岩漿又再度冷卻凝固時，會把地磁的方向記錄下來，藉由調查磁化的方向也可以測量出結果。

　　我們就是藉由比較、探討，以各式各樣的方法推測出地層的年代。

▶ 放射性碳定年法

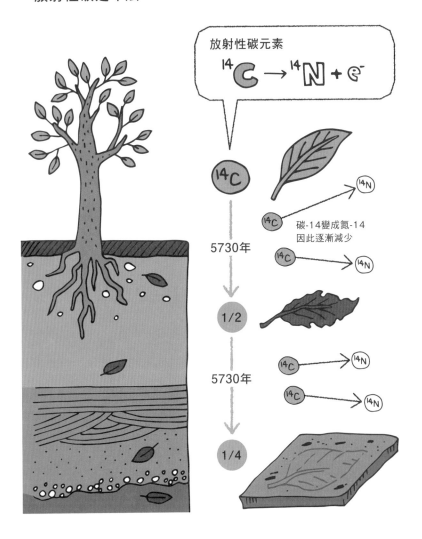

58

地層的調查方法

在地球的研究中
留下功績的人

在本書中，有提到威廉‧史密斯（第62頁）、尼古拉斯‧斯坦諾（第12、62頁）、查爾斯‧萊爾（第12頁）的名字，因為有眾多科學家的研究，我們才得以知曉現在的地球的樣貌。在此為大家介紹其中幾位科學家。

○**查爾斯‧萊爾**（蘇格蘭，1797～1875）

萊爾著有《地質學原理》一書，書中講述「現在是認識過去的鑰匙」，對近代地質學的確立有相當貢獻。

○**安德里亞‧莫霍羅維奇**（克羅埃西亞，1857～1936）

莫霍羅維奇藉由解析地震波來研究地球的內部構造。他分析地震波的傳遞方式後，發現地球內部有一個不連續面。那就是地球表面的地殼與地球內部的地函的分界線。這個不連續面以他的名字命名，取名為莫氏不連續面。

○**阿爾弗雷德‧韋格納**（德國，1880～1930）

地球表面有數十塊板塊覆蓋其上，板塊移動時，就會引起火山活動或地殼變動。這種想法叫做板塊構造學說。在這種想法確立的許久以前，韋格納便開始大力提倡大陸漂移學說了。

○**松山基範**（日本，1884～1958）

地球就像一塊大磁鐵，帶有磁性。地球中的磁性，也就是地磁在地球的歷史中重複翻轉了好幾次。松山於1926年在日本兵庫縣的玄武洞調查地磁，找到曾有地磁逆轉的證據。

○**賓諾‧古登堡**（德國，1889～1960）

像莫霍羅維奇一樣解析地震波，發現地球的核心（地核）與地函的分界線。

134

Charles Lyell
1797〜1875

Alfred L. Wegener
1880〜1930

Andrija Mohorovicic
1857〜1936

松山基範
1884〜1958

Beno Gutenberg
1889〜1960

想要更深入學習
地層的相關知識

　　讀完此書，想更深入學習地層的人，就到各地仔細觀察各式各樣的地層，加深對地層的理解吧。

　　要尋找觀察的地點，《地球科學導覽系列（暫譯，原名為《地学のガイドシリーズ》）》（CORONA出版社）、《週日的地學系列（暫譯，原名為《日曜の地学シリーズ》）》（築地書館）會很有幫助。這兩個系列依各縣分類，標示了各縣的地層與地形的觀察重點，幾乎網羅了日本全國的地層。首先就來調查看看，自己住的地方有什麼樣的地層吧。

　　由地質學研究者所組成的日本國內最大的學會中，有一個叫做日本地質學會的組織。該學會在每年舉行的全國大會中，會進行觀察野外地質或地形的巡檢，並以學會報的形式發行導覽書。從J-stage這個專門發布日本國內學會會報的網站（https://www.jstage.jst.go.jp/browse/geosoc/-char/ja），可以瀏覽過去發行的巡檢導覽書。書內記載了由專家撰寫，並可輔助學習地質與地形觀察的詳細解說。

　　雖然比較專業，但刊載在上頭的地質圖對詳細了解各地地質很有幫助。圖幅為比例尺1/5萬地圖中，標示有各地的地質，同時也有發行地質圖的解說書，在網路上（https://gbank.gsj.jp/datastore/）即可閱覽。也能以購買的方式取得地質圖或解說書。

　　各地的博物館在星期日經常舉辦各地的實地參觀活動。參加這種活動就可以向博物館的研究人員或是高中、大學的專業教師請教各式各樣的問題。試著找機會去參加看看吧。建議確認看看附近博物館的網站。

　　此書的姊妹書有《了解地層觀察方法的野外圖鑑（暫譯，原名為《地層の見方がわかるフィールド図鑑》）》，以及《地形觀察散步導覽（暫譯，原名為《地形観察ウォーキングガイド》）》（兩本皆為誠文堂新光社出版）。此書解說到的地質與地形，在姊妹書中都有以彩色照片表示。

▶ 用書籍或地質圖做更詳細的學習

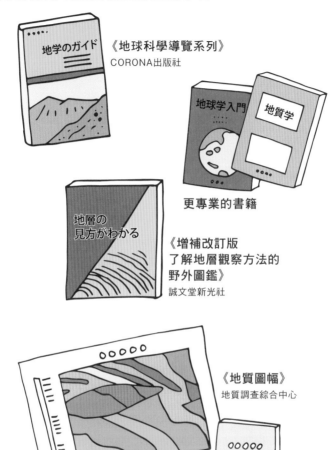

《地球科學導覽系列》
CORONA出版社

更專業的書籍

《增補改訂版
了解地層觀察方法的
野外圖鑑》
誠文堂新光社

《地質圖幅》
地質調查綜合中心

結 語

目代邦康

　　本書為發行於2010年4月的《充分了解觀察重點，地層的基本（暫譯，原名為《見方のポイントがよくわかる　地層のきほん）》之後再出版的書籍。由於2010年版（舊版）從數年前就斷貨，加上其他《基本》系列也都翻新再發行了，因此這本《一看就懂！有趣的地層學》也在大幅更新內容後再度上市。

　　新版與舊版最大的不同，就是這次我與學習過地質學的專業知識，現在以科學插畫專家大展身手的笹岡美穗小姐合著此書。本書主要由笹岡小姐既有專業上的正確性又親易近人的插圖，以及我的文章構成。無論是先看文章再看插圖，或是先看插圖再把文章當作說明文，都可以充分享受閱讀這本書的樂趣。

　　雖然在學習地球的相關知識時，去現場觀察實際的地層或地形是很重要的，但與此同時，也需要以概念的形式理解各式各樣的現象。我認為要以概念形式去理解的話，像這次以圖片搭配文章的表現方式會是很有用的工具。

　　今後我也想繼續摸索更佳的表現方式，如果有發現到什麼要點，請不吝賜告知我。

○作者簡介
目代邦康（Kuniyasu Mokudai）。1971年出生於神奈川縣大和市。完成京都大學研究所理學研究科博士後期課程。專業領域為地形學、自然地理學。曾任職於筑波大學陸域環境研究中心、產總研地質標本館、自然保護助成基金，現為日本Geo service股份有限公司代表。
https://researchmap.jp/kmokudai/

笹岡美穗

　　在這片土地上生活的我們，其實是在對腳下這塊大地不甚清楚的狀態下度過每一天的生活。了解大地的事情並不難。只要觀察身邊的地層或石塊，就可以知道大地的故事與多樣的性格。

　　我們的生活日益便利又豐富。科學技術讓我們得以在物理上過著豐裕的生活。但另一方面，我們卻越來越不常思考關於人類生活的基礎，也就是大地的事情。特別是人們容易把焦點放在自然災害的風險，但自然災害該注目的本質，卻是因為有這些風險帶來大地的恩惠，人類的生活才得以成立。像這樣理解人類與大地彼此間的關係性，才能得到真正豐裕的生活吧？

　　本書中的圖片都由我負責繪製。我的專業是科學設計師，希望透過不會讓人產生誤解的視覺表現來傳達科學資訊，也留意著要用讓地層或地球科學更加有魅力、讓人印象深刻的表現來呈現。我期待立場各異的人們拿到此書時，能啟發他們對大地與人的關係產生新的觀點。

○作者簡介
笹岡美穗（Miho Sasaoka）。1977年誕生於愛知縣北名古屋市。自然科學類（特別是地球科學）的科學設計師。修完信州大學研究所工學系研究科研究生課程。專業領域為地質學、沉積學。曾任職於山梨縣立科學館、產業技術綜合研究所、御船町恐龍博物館、JAMSTEC、高知大學，自2015年成為SASAMI-GEO-SCIENCE股份有限公司代表。並於2016年起兼任高知大學短期研究員。

參 考 文 獻

　　在寫此書時，參考了許多書籍、論文及網站。為方便閱讀，並沒有在正文中列出引用資料。我們所參考的文獻如下所示：

青木正博、目代邦康（2017）
　　《增補改訂版 地層の見方がわかるフィールド図鑑》誠文堂新光社
現代思想（2017）《特集 人新世－地質年代が示す人類と地球の未来》青土社
齋藤靖二（1992）《日本列島の生い立ちを読む》岩波書店
酒井治孝（2003）《地球学入門－惑星地球と大気・海洋のシステム》東海大學出版會
產業技術綜合研究所地質標本館編（2006）
　　《地球－図説アースサイエンス》誠文堂新光社
白尾元理（2017）《月のきほん》誠文堂新光社
平　朝彥（2001）《地質学 1 地球のダイナミックス》岩波書店
平　朝彥（2004）《地質学 2 地層の解読》岩波書店
平　朝彥（2007）《地質学 3 地球史の探求》岩波書店
千葉とき子、齋藤靖二（1996）《かわらの小石の図鑑》東海大學出版會
浜島書店編輯部（2013）《ニューステージ新地学図表》浜島書店
貝爾納・W・帕普金、D.D. 特倫特（著）佐藤　正、千木良雅弘（監修）
　　全國地質調查協會聯合會環境地質翻譯委員會（譯）（2003）
　　《環境と地質》古今書院
丸山茂德（1993）《46 億年地球は何をしてきたか？》岩波書店
山賀　進（2011）《地球について、まだわかっていないこと》ベレ出版

索 引

143

【日文版工作人員】

發行人　　　小川雄一
插畫　　　　笹岡美穗
裝幀・設計　佐藤アキラ

一看就懂！
有趣的地層學

2018年11月1日初版第一刷發行
2021年 6 月1日初版第二刷發行

著　　　者　目代邦康・笹岡美穗
譯　　　者　王姵婕
特 約 編 輯　賴思妤
美 術 編 輯　黃盈捷
發 　行 　人　南部裕
發 　行 　所　台灣東販股份有限公司
　　　　　　＜地址＞台北市南京東路4段130號2F-1
　　　　　　＜電話＞(02)2577-8878
　　　　　　＜傳真＞(02)2577-8896
　　　　　　＜網址＞http://www.tohan.com.tw
郵 撥 帳 號　1405049-4
法 律 顧 問　蕭雄淋律師
總 經 銷　　聯合發行股份有限公司
　　　　　　＜電話＞(02)2917-8022

國家圖書館出版品預行編目資料

一看就懂！有趣的地層學 /
目代邦康・笹岡美穗著；王姵婕譯.
-- 初版. -- 臺北市：臺灣東販, 2018.11
144面；14.8×21公分

ISBN 978-986-475-820-3 (平裝)

1.地層學 2.通俗作品

352　　　　　　　　107017031

CHISOU NO KIHON
© KUNIYASU MOKUDAI / MIHO SASAOKA 2018
Originally published in Japan in 2018
by Seibundo Shinkosha Publishing Co.,Ltd., TOKYO.
Chinese translation rights arranged through
TOHAN CORPORATION, TOKYO.